甜鹹都滿足！

包餡瑪德蓮
＆百變費南雪

Madeleines

et

Financiers

來自巴黎的瑪德蓮&費南雪

瑪德蓮與費南雪是法國的傳統甜點，
也是甜點店必備的經典小巧點心。
不論甚麼時候吃起來都很美味，
並且隨著時代變遷不斷改良。

近年在巴黎，加了奶油餡或堅果的瑪德蓮非常受到歡迎，
在人氣甜點店作為特產大獲好評，
造成話題的瑪德蓮專門店也紛紛開設。
在瑪德蓮鬆軟的海綿基底上，
加入滑順的奶油餡或巧克力甘納許，
就成了幸福感洋溢的豪華甜點。

而被稱為「金磚蛋糕」的費南雪，
近年也流行如裝飾蛋糕般作出多樣變化，
點綴上奶油和水果，
只要裝在食器中就已經是款出色的甜點！

法國有著在正式晚餐前喝點酒，被稱作apéro的習慣，
這時以鹹味瑪德蓮和費南雪配酒的吃法也很有人氣，
應該是因為這兩種點心的大小剛好，又能有許多變化吧！

傳統的甜點持續受到人們喜愛，
而又能產生嶄新變化是件非常美好的事。
請一邊感受甜點的歷史，品嘗這創新的魅力吧！

本書的使用方法
〇關於使用的模型和工具、材料請見
p.6至p.7。
〇本書使用旋風電烤箱。由於烘烤溫
度．時間會因機種有所不同，烘烤時
請一邊確認狀況，尤其使用旋風瓦斯
烤箱時要特別注意。
〇微波爐為500W，平底鍋則用氟素
樹脂加工的不沾鍋類型。
〇1大匙為15ml，1小匙為5ml。

關於材料

在此介紹瑪德蓮和費南雪共通的主要材料。正因為是單純的甜點，材料的好壞會直接影響成品，請盡可能選擇高品質的材料。

1 低筋麵粉

本書使用北海道產的 Dolce 低筋麵粉，特徵是麵粉風味強烈，能烤出扎實的成品，蛋白質含量多，接近中筋麵粉。可在甜點材料行和網路購得，若無法取得，也可改用適合製作甜點的 Violet 或是一般的 Flower。

2 杏仁粉

即磨成粉狀的杏仁，有帶皮與去皮研磨兩種，本書主要使用去皮研磨的杏仁粉。雖說如果想要更強調杏仁風味，選擇帶皮研磨的杏仁粉較適合（如 p.49 巧克力費南雪），但使用去皮研磨的杏仁粉也完全沒有問題，可在使用前稍微以手搓揉，增加香味。

3 奶油

使用四葉乳業出品的發酵奶油（無鹽）。瑪德蓮和費南雪，或是磅蛋糕這類甜點，奶油會大大影響成品風味，若使用發酵奶油會更加好吃。雖然也可以使用一般的無鹽奶油代替，但味道會有很大的差距。

4 細砂糖

使用一般的細砂糖，本書也有使用上白糖和糖粉的配方。

5 雞蛋

瑪德蓮使用 M 尺寸（蛋黃 20g+ 蛋白 30g）的雞蛋，費南雪大多使用 L 尺寸（蛋黃 20g+ 蛋白 40g）的雞蛋。請盡可能使用新鮮的蛋。

6 鹽巴

本書使用味道柔和的法國蓋朗德自然海鹽（微細粒），但由於使用量少，以家中既有的鹽巴取代也沒關係。

7 泡打粉

使用 RUMFORD 的無鋁泡打粉。特別是要給孩子吃時，推薦使用無鋁泡打粉。因為帶有溼氣的泡打粉會不易膨脹，最好購買新品製作。

8 蜂蜜

製作瑪德蓮主要使用有著濃郁香氣的法國產 fleurs printanières，推薦使用金合歡或檸檬的蜂蜜。費南雪則使用 Lune de Mie 出品的 Mountain Honey。

9 香草精

將香草豆浸入酒精中汲取香味所製作，依酒精含量不同分為 Vanilla Essence 與 Vanilla Extract 兩種。由於 Vanilla Essence 加熱會失去香氣，烘烤甜點時使用 Vanilla Extract 較為適合，可以在烘焙材料行購得。

關於工具

一般的甜點工具就OK，但是製作瑪德蓮需要拋棄式擠花袋。製作含有奶油餡的瑪德蓮時，需要泡芙用花嘴。

1 瑪德蓮模型

使用淺井商店的專門模具，由於表面有矽膠加工，脫模容易，只要塗上薄薄一層融化奶油即可。若使用沒有矽膠加工的模具時，建議在塗完奶油後再撒上一層低筋麵粉，將模具倒扣拍掉多餘麵粉，放在冷藏室冷卻後使用。一個模具可烤出六個瑪德蓮，每個尺寸為長76×寬49×深16mm。

2 費南雪模型

使用淺井商店的專門模具，表面有矽膠加工，脫模容易。不管有無經過矽膠加工，都要確實塗過融化奶油後使用。一個模具可烤出六個費南雪，每個尺寸為長85×寬42×深11mm。

3 擠花袋

烘焙用的拋棄式擠花袋，在超市和烘焙材料行可以買到。在將瑪德蓮的麵糊擠入模具，和將奶油餡填入瑪德蓮，或是裝飾費南雪時使用。如圖將擠花袋的前端1cm左右處剪開ⓐ，從擠花袋內側裝上泡芙用花嘴ⓑ，將靠近花嘴部分的袋子稍微扭轉ⓒ，塞進花嘴內側ⓓ。要裝麵糊或是奶油餡時，將袋子套到杯內，於長度一半左右往外回折ⓔ，再倒入材料。若是要以蜂蜜等黏度高的材料製作瑪德蓮，使用針筒（無針）擠麵糊較好，可以在藥局及百元商店等地方買到ⓕ。

4 打蛋器

混合麵糊時使用打蛋器。雖然沒有特別指定的款式，但使用鐵絲圈數少、結實的打蛋器較好。

5 橡皮刮刀

本書中用以輔助打蛋器，小一點的尺寸也沒有關係。雖然通稱為橡皮刮刀，但實際上矽膠材質的刮刀會較好。

6 網篩

用於過篩粉類。完成品要撒糖粉時使用茶篩。

7 調理盆

準備 3 至 4 個大小不同的調理盆就很足夠。由於會有要隔水加熱的狀況，最好可耐熱。

8 刷子

將融化的奶油刷在模型上，或讓費南雪滲入酒時使用。選用方便清洗的類型較佳。

ⓐ   ⓑ   ⓒ   ⓓ   ⓔ   ⓕ

Madeleines

瑪德蓮

提到瑪德蓮，最先浮現在腦海的就是貝殼狀的外形。
據說是因為瑪德蓮常作為朝聖旅行中的口糧，
便作成象徵朝聖者低頭模樣的扇貝形。
和磅蛋糕類似，奶油、砂糖、麵粉、雞蛋的比例幾乎是一比一，
有著令人安心的味道。
一起來作成濕潤又鬆軟的口感吧！

剖面有著恰到好處的氣泡，
可以看出麵糊有充分膨脹。

基本款瑪德蓮
Madeleines traditionnelles

基本款為檸檬風味。步驟1至6請一氣呵成，麵
糊完成後要暫時靜置，之後以高溫短時間烘
烤，就能烤出濕潤鬆軟的瑪德蓮。

烤出這樣的膨脹程度是重點。若膨脹
不足，原因有可能是作法2至4攪拌
過度，或是烤箱的火力不夠。可以減
少瑪德蓮的數量，或在放入模具前讓
烤箱空燒5分鐘左右。

材料（7至8個分）

發酵奶油（無鹽）55g

細砂糖　45g

A

　低筋麵粉　40g

　杏仁粉　10g

　泡打粉　2g（約½小匙）

B

　雞蛋　50g（M尺寸1個）

　蜂蜜　8g

　香草精ⓐ　⅙小匙

　鹽ⓑ　少許

檸檬皮　小1個分

檸檬汁　½小匙

融化奶油　適量

→材料一定要事先秤量過後再開始作業ⓒ。

以小匙而言大概這樣的
分量。

ⓐ

以茶匙而言大概這
樣的分量。
非常少許即可。

ⓑ

準備工作

○將蛋、蜂蜜和檸檬果汁回至常溫(約25℃)。

→混合時會較方便。

○發酵奶油切成適當大小，放入調理盆內，一邊隔水加熱，以橡皮刮刀攪
拌至融化(d)。融化後將調理盆從熱水中取出，冷卻至40℃。

→平底鍋放入水加熱，再放上裝著奶油的調理盆。如果奶油在高溫狀態下加入麵糊，
會像以火加熱雞蛋般變化，因此一定要冷卻。

○**A**料放入密封袋內，充分搖晃混合ⓔ。

→讓麵糊更加細緻，更容易混入空氣。

○**B**料如同切開蛋白般，以打蛋器確實混合ⓕ。

→混合至看不見蛋白為止，注意不要起泡。

○烤盤放入烤箱，以230℃預熱。

→烤盤放在下層。

ⓓ　　　ⓔ　　　ⓕ

作法

1　在調理盆內放入細砂糖，將A料過篩加入ⓐ，以打蛋器攪拌混合ⓑ。
→細砂糖均勻撒入就OK。

2　以手指在粉類中心挖出一個洞ⓒ，緩緩將B料倒入ⓓ。以打蛋器從調理盆中心開始攪拌麵粉約40次，緩緩攪拌至沒有粉感ⓔⓕⓖ。
→絕對不能像是揉麵糰般用力攪拌，不要花費過多的力氣，將麵粉和蛋液慢慢地混在一起。

3　將檸檬皮磨成粉末再加入ⓗ，接著加入檸檬汁，將整體大致混合。
→由於檸檬皮的香氣容易散發，要加入時再磨末。此步驟也要注意不要攪拌過度，大略混合均勻就OK。

4　融化的發酵奶油分成3次加入ⓘ，每次加入攪拌20至40次，緩緩攪拌至整體混合ⓙ。攪拌至提起打蛋器時，麵糊滴下去的痕跡會迅速消失就OKⓚ。
→第1、2次加入發酵奶油時攪拌約20至30次，第3次則稍微攪拌久一些。過度攪拌會讓麵糊黏稠，沒有辦法烤出鬆軟的口感。相反的如果攪拌次數不足，麵糊沒有確實混合，吃起來的口感就會不好。

5　以橡膠刮刀大致混合整體ⓛ。
→若是有固體配料的配方，則在此步驟加入。將調理盆側面的麵糊也刮乾淨。

6　將步驟5的麵糊倒入擠花袋ⓜ，以封口夾封起ⓝ，放入冷藏室約3小時。
→靜置麵糊可以降低筋度，並讓泡打粉作用，烤出鬆軟的瑪德蓮。但是如果放置超過半天以上，泡打粉的作用反而會變低，所以放置約3小時即可。

7　將烤模以刷子薄薄塗上一層融化奶油ⓞ。擠花袋前端剪掉約1cmⓟ，將麵糊擠入烤模約8分滿ⓠ，輕輕敲打烤模讓麵糊平整ⓡ，放入冷藏室約10分鐘。
→融化奶油可以微波爐將無鹽奶油加熱幾秒使用。
→擠麵糊時，從烤模底部開始填滿。

8　在預熱好的烤盤上放上烤模，烘烤約3分鐘。接著以190℃烤4至5分鐘，最後以170℃烤2至3分。膨脹部分（俗稱凸肚臍）乾燥，以手指按壓有彈性，就表示烤好了ⓢ。輕輕敲打烤模ⓣ，靜置散熱至不燙手，以牙籤叉起脫模，側面立在鋪了烘焙紙的烤盤放涼即完成ⓤ。
→烤箱開關時要快速，否則會讓烤箱溫度降低。
→麵糊中央膨脹時，便可將溫度降為170℃。
→依據烤箱不同，烤出來的成品也會有所差異，在溫度降到170℃時，最好將烤盤內外反轉，這個動作也要迅速完成。

ⓥ

Note
○趕時間時，可省略步驟6的靜置麵糊，直接擠入烤模，並將步驟7冷藏的時間縮短為15分鐘，以230℃預熱→230℃烤3分鐘→190℃烤3至4分鐘→170℃烤約3分鐘左右。如此作出的成品會稍微輕一些，特別是要填入奶油餡的瑪德蓮常有這種狀況。
○注意烤出來的顏色不要過深，蓋上鋁箔紙即可避免。
○出爐兩個小時左右是最美味的。
○如果剩下不夠填滿模型的麵糊，烤成小顆的瑪德蓮也很可愛ⓥ。
○保存時，在夾鍊袋中放入對折的烘焙紙，其中再放入瑪德蓮後封口，常溫保存。若要保存2天以上，可將完全放涼的瑪德蓮各別放入OPP袋內，抽掉空氣後封口冷凍，要吃時再常溫解凍，放入烤箱稍微烤一下就很美味。

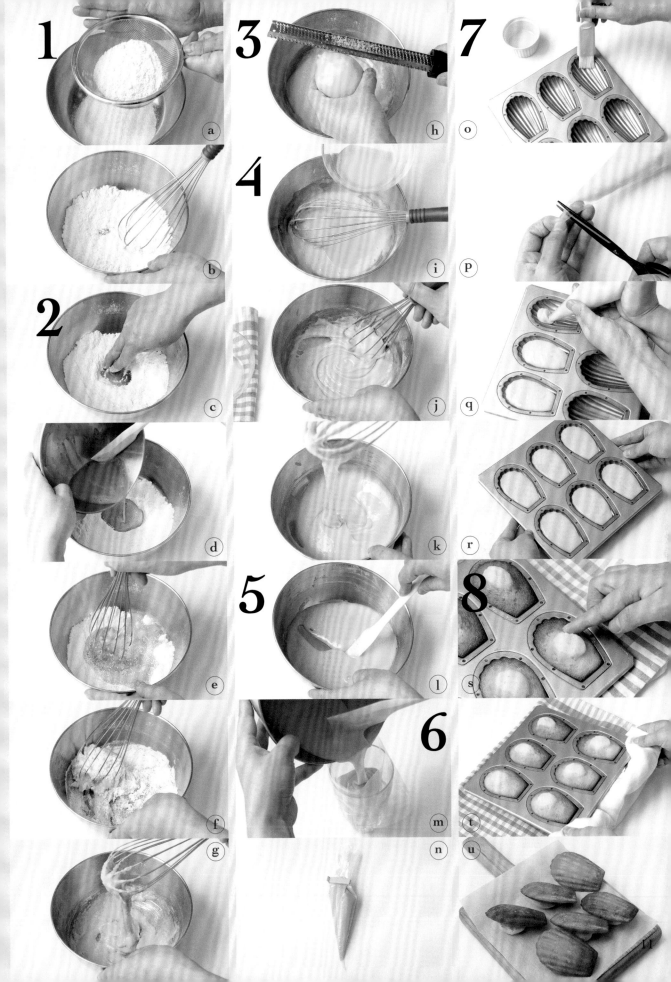

各種口味瑪德蓮

加入可可粉或焦糖，
為麵糊增添風味，
味道會變得截然不同。
由於也會變化出各式各樣的顏色，
排在一起就非常可愛呢！

巧克力瑪德蓮

焦糖瑪德蓮

12

抹茶瑪德蓮

大吉嶺瑪德蓮

13

巧克力瑪德蓮 ～ *Madeleines au chocolat*

材料（7至8個分）

發酵奶油（無鹽） 55g

上白糖 40g

A

> 低筋麵粉 20g
> 可可粉ⓐ 18g
> 杏仁粉 15g
> 泡打粉 2g（約½小匙）

B

> 雞蛋 50g（M尺寸1個）
> 蜂蜜 10g
> 香草精 ⅛小匙

檸檬汁 ½小匙

融化奶油 適量

準備工作

○將蛋、蜂蜜、檸檬汁回至常溫（約25℃）。

○發酵奶油切成適當大小，放入調理盆內隔水加熱，以橡膠刮刀攪拌，融化後將調理盆從熱水中取出，冷卻至約40℃。

○將**A**料放入密封袋，充分搖晃混合。

○將**B**料以打蛋器，如要切開蛋白般確實混合。

○烤盤放入烤箱，預熱至230℃。

作法

1 在調理盆中放入上白糖，將**A**料過篩加入，以打蛋器攪拌均勻。

2 以手指在粉類中心挖出一個洞，緩緩將**B**料倒入。以打蛋器從調理盆中心開始，攪拌麵粉約40次，緩緩攪拌至沒有粉感。

3 加入檸檬汁，整體大致攪拌。

4 融化的發酵奶油分成3次加入，每次加入攪拌20至40次，緩緩攪拌至整體混合。

5 以橡膠刮刀大致混合整體。

6 將步驟5的麵糊填入擠花袋，以封口夾封起，冷藏約3小時。

7 將烤模以刷子薄薄塗上一層融化奶油。擠花袋前端剪掉約1cm，將麵糊擠入烤模約8分滿，輕輕敲打烤模使麵糊平整，放入冷藏室約10分鐘。

8 在預熱好的烤盤上快速放上烤模，烘烤約3分鐘。接著以190℃烤4至5分鐘，最後以170℃烤2至3分鐘。待膨脹部分乾燥，以手指按壓有彈性，就表示烤好了。輕輕敲打烤模，靜置散熱至不燙手後，以牙籤叉起脫模，側面立在鋪了烘焙紙的烤盤上放涼即完成。

Note ○為了烤出濕潤的蛋糕體，砂糖使用上白糖，但使用一般的細砂糖也可以。
○可可粉使用VAN HOUTEN的產品。加入可可粉的麵糊會較濃稠，注意不要烤焦。

抹茶瑪德蓮 ～ *Madeleines au thé vert matcha*

材料（7至8個分）

發酵奶油（無鹽） 55g

糖粉 42g

A

> 低筋麵粉 40g
> 抹茶粉ⓐ 4g
> 玉米粉 5g
> 泡打粉 2g（約½小匙）

B

> 雞蛋 50g（M尺寸1個）
> 水飴 15g
> 溫水 2小匙

融化奶油 適量

準備工作

○同「巧克力瑪德蓮」，但不需要檸檬汁及蜂蜜，水飴也回至常溫。

作法

1 於調理盆中放入糖粉，將**A**料過篩加入，以打蛋器混合。

2 同「巧克力瑪德蓮」步驟**2**至**8**，但步驟**3**不需加入檸檬汁。

Note ○抹茶粉推薦使用一保堂的「初昔」，有著甘甜的香氣和恰到好處的澀味。
○為了增加抹茶風味而使用糖粉，也可以使用細砂糖。
○以水飴代替蜂蜜，能讓抹茶顯出漂亮的色澤。

焦糖瑪德蓮 ～ *Madeleines au caramel*

材料（7至8個分）

焦糖

　發酵奶油（無鹽）　40g

　細砂糖　40g

　蜂蜜　5g

　檸檬汁　½小匙

　鮮奶油（乳脂肪35%）　50mℓ

細砂糖　15g

A

　低筋麵粉　42g

　杏仁粉　10g

　泡打粉　2g（約½小匙）

B

　雞蛋　50g（M尺寸1個）

　鹽巴　⅕小匙

融化奶油　適量

準備工作

○同p.14「巧克力瑪德蓮」，但蜂蜜和檸檬汁不須回至常溫。

○鮮奶油隔水加熱至同皮膚溫度（約35℃）左右。

○在大調理盆內放入水備用。

作法

1　製作焦糖：在平底鍋中放入鮮奶油以外的所有材料，以中火加熱，一邊以橡皮刮刀攪拌融化ⓐ。呈深茶色後從火上移開，將平底鍋底浸入裝水的調理盆。

2　鮮奶油少量多次加入，以打蛋器低速攪拌混合ⓒ。全體混合呈濃稠狀就OKⓓ。連著鍋子放置冷卻至約40℃，即完成焦糖。

3　在**B**料中加入一半的焦糖，攪拌至整體混合。

4　同p.14「巧克力瑪德蓮」步驟**1**至**8**，但是步驟**1**的上白糖改成細砂糖，步驟**3**檸檬汁不用加，步驟**4**的發酵奶油，以剩下的焦糖取代，並分兩次加入。

ⓐ　ⓑ　ⓒ　ⓓ

Note　○表現出濃厚焦糖風味的瑪德蓮。
○由於焦糖使用奶油、細砂糖和蜂蜜製作，麵糊便不再加入奶油和蜂蜜，細砂糖的量也減少。

大吉嶺瑪德蓮 ～ *Madeleines au thé Earl Grey*

材料（7至8個分）

發酵奶油（無鹽）　55g

糖粉　40g

A

　低筋麵粉　40g

　杏仁粉　12g

　泡打粉　2g（約½小匙）

B

　雞蛋　50g（M尺寸1個）

　蜂蜜　5g

　香草精　⅙小匙

檸檬汁　1小匙

紅茶葉（大吉嶺）ⓐ　2g

融化奶油　適量

準備工作

○同p.14「巧克力瑪德蓮」。

○紅茶葉以保鮮膜包裹，以擀麵棍碾壓ⓑ，磨成粉狀ⓒ。

作法

1　同p.14「巧克力瑪德蓮」步驟**1**至**8**，但步驟**1**的上白糖改成糖粉，步驟**3**加入檸檬汁時同時加入紅茶葉。

ⓑ　ⓒ

Note　○茶葉使用KUSMI TEA出品的大吉嶺紅茶，洋溢著高雅的清爽香氣。
○與p.14「抹茶瑪德蓮」同樣使用糖粉，也可以細砂糖代替。

香料麵包風味瑪德蓮

Madeleines façon pain d'épices

材料（7至8個分）

發酵奶油（無鹽） 60g

細砂糖 40g

A

低筋全麥麵粉 40g

杏仁粉 12g

肉桂粉ⓐ-1 ⅔小匙

多香果粉ⓐ-2 ½小匙

泡打粉 2g（約½小匙）

B

雞蛋 50g（M尺寸1個）

蜂蜜 20g

生薑泥 ½小匙

鹽巴 少許

粗粒黑胡椒ⓐ-3 少許

檸檬汁 1小匙

融化奶油 適量

準備工作

○將蛋、蜂蜜和檸檬汁回至常溫（約25℃）。

○在大調理盆內放入水備用。

○將**A**料放入密封袋內，充分搖晃混合。

○將**B**料以打蛋器，如要切開蛋白般確實混合。

○烤盤放入烤箱，預熱至230℃。

作法

1 製作焦化奶油：將發酵奶油切成適當大小，放入小鍋內，以橡皮刮刀緩緩攪拌，同時以小火加熱ⓑ。待奶油融化，泡沫變小，沉澱物開始呈現茶色時關火ⓒ，將鍋底浸入調理盆的水中ⓓ。以茶篩慢慢過篩約45g的分量ⓔ，靜置冷卻至40℃。

2 另取一調理盆放入細砂糖，將**A**料過篩加入，以打蛋器攪拌均勻。

3 以手指在粉類中心挖出一個洞，緩緩將**B**料倒入。以打蛋器從調理盆中心開始攪拌約40次，緩緩攪拌至沒有粉感。

4 加入檸檬汁，整體大致攪拌。

5 將焦化奶油分成3次加入，每次加入都攪拌20至40次，緩緩攪拌至整體混合。攪拌至提起打蛋器時，麵糊滴下的痕跡會迅速消失就OK。

6 以橡膠刮刀大致混合整體。

7 將步驟**6**的麵糊填入擠花袋，以封口夾封口，冷藏約3小時。

8 將烤模以刷子薄薄塗上一層融化奶油。擠花袋前端剪掉約1cm，將麵糊擠入烤模約8分滿，再輕輕敲打烤模讓麵糊平整，放入冷藏室約10分鐘。

9 在預熱好的烤盤上快速放上烤模，烘烤約3分鐘。接著以190℃烤4至5分鐘，最後以170℃烤2至3分。待膨脹部分乾燥，用手指按壓有彈性，就表示烤好了。輕輕敲打烤模，靜置散熱至不燙手後，以牙籤叉起脫模，側面立在鋪了烘焙紙的烤盤上放涼即完成。

Note ○如「香料麵包（pain d'épice）」的名稱所示，將瑪德蓮作成加入辛香料的法國傳統甜點風味。飄著香氣的成熟風味，不但適合搭配紅茶，也很適合與紅酒一起享用。

○不使用小麥胚乳磨製的麵粉，而是使用了含皮及胚芽的低筋全麥麵粉，風味頓時變得豐富。如果難以取得，也可以使用低筋麵粉製作。將奶油製作成焦化奶油，蜂蜜則建議使用Mountain Honey等風味強烈的商品。

○多香果帶有肉桂、肉荳蔻、丁香三種香料的味道，在日本又被稱為「三香子」。

果實瑪德蓮

味道不必多言，
就連外觀都會一下變得華麗。
搭配當季的果物，
一整年都能
享受製作瑪德蓮的樂趣。

玫瑰 & 覆盆子瑪德蓮

Madeleines à la rose et framboises

材料（7至8個分）

發酵奶油（無鹽）　55g

細砂糖　48g

A
- 低筋麵粉　45g
- 杏仁粉　15g
- 泡打粉　2g（約½小匙）

B
- 雞蛋　50g（M尺寸1個）
- 蜂蜜　10g
- 香草精　⅛小匙

檸檬汁　½小匙

覆盆子（冷凍）　25g

玫瑰花瓣（花草茶用）　2小匙

融化奶油　適量

糖霜
- 糖粉　30g
- 檸檬汁　½小匙
- 水　½小匙

ⓐ

準備工作

○覆盆子以手剝成小塊，放在鋪有紙巾的淺盤上ⓑ，冷藏一小時左右至半解凍狀態。

○將蛋、蜂蜜、檸檬汁回至常溫（約25℃）。

○發酵奶油切成適當大小，放入調理盆內隔水加熱，同時以橡膠刮刀攪拌，融化後移開熱水，冷卻至約40℃。

○玫瑰花瓣切成粗末ⓒ。

○將A料放入密封袋，充分搖晃混合。

○將B料以打蛋器，如要切開蛋白般確實混合。

○烤盤放入烤箱，預熱至230℃。

作法

1. 在調理盆中放入細砂糖，將A料過篩加入，以打蛋器攪拌均勻。

2. 以手指在粉末中心挖出一個洞，緩緩將B料倒入。以打蛋器從調理盆中心開始攪拌材料約40次，緩緩攪拌至沒有粉感。

3. 加入檸檬汁，整體大致攪拌。

4. 融化的發酵奶油分成3次加入，每次加入攪拌20至40次，緩緩攪拌至整體混合。攪拌至提起打蛋器時，麵糊滴下的痕跡會迅速消失就OK。

5. 加入覆盆子和玫瑰花瓣，以橡膠刮刀大致混合ⓓ。

6. 將烤模以刷子薄薄塗上一層融化奶油。以橡膠刮刀將步驟5的麵糊倒入烤模至8分滿，再輕輕敲打烤模讓麵糊平整，冷藏約30分鐘。

7. 在預熱好的烤盤上快速放上烤模，烘烤約3分鐘。接著以190℃烤3分30秒至4分鐘，最後以170℃烤4分鐘。待膨脹部分乾燥，以手指按壓有彈性，就表示烤好了。輕輕敲打烤模，靜置散熱至不燙手後，以牙籤叉起脫模，側面立在鋪了烘焙紙的烤盤上放涼。

8. 製作糖霜：糖粉分次加入少許檸檬汁和水，以湯匙攪拌至濃稠ⓔ。塗在瑪德蓮有貝殼花紋的一面，撒上少許玫瑰花瓣（分量外）即完成。

ⓑ　　ⓒ

ⓓ　　ⓔ

> *Note*
> ○華麗又浪漫的一款瑪德蓮，最適合拿來送禮。
> ○糖霜乾燥後的一小時後到隔天，為最佳品嚐時間。
> ○覆盆子長時間放置會出水，造成麵糊鬆弛，因此不要冷藏超過30分鐘。並且為了避免麵糊變硬，不使用擠花袋直接倒入模型內。
> ○由於烘烤後覆盆子會黏在烤模上，在將麵糊倒入模型時，注意覆盆子不要碰到烤模。
> ○在混合固體材料時，不使用打蛋器而改以橡膠刮刀攪拌。
> ○蜂蜜推薦使用有著高雅甜味的金合歡蜂蜜。
> ○玫瑰花瓣使用Rose Red出品的花茶。

柑橘椰子瑪德蓮

Madeleines à l'orange et noix de coco

材 料（7至8個分）

發酵奶油（無鹽）　55g

細砂糖　40g

A

> 低筋麵粉　40g
> 椰子粉　20g
> 泡打粉　2g（約½小匙）

B

> 雞蛋　50g（M尺寸1個）
> 蜂蜜　8g
> 鹽巴　少許

檸檬皮　小1個分

檸檬汁　½小匙

糖漬橙皮ⓐ　4條

融化奶油　適量

準 備 工 作

○將蛋、蜂蜜、檸檬汁回至常溫（約25℃）。

○發酵奶油切成適當大小，放入調理盆內隔水加熱，同時以橡膠刮刀攪拌，融化後移開熱水，冷卻至約40℃。

○糖漬橙皮切成粗末。

○將A料放入塑膠袋，充分搖晃混合。

○將B料以打蛋器，如要切開蛋白般確實混合。

○烤盤放入烤箱，預熱至230℃。

作 法

1　在調理盆放入細砂糖，將A料過篩加入，以打蛋器攪拌均勻。

2　以手指在粉類中心挖出一個洞，緩緩將B料倒入，以打蛋器從調理盆中心開始攪拌約40次，慢慢攪拌至沒有粉感。

3　將檸檬皮磨碎後倒入，再加入檸檬汁，大致攪拌。

4　融化的發酵奶油分成3次加入，每次加入攪拌20至40次，緩緩拌勻。攪拌至提起打蛋器時，麵糊滴下的痕跡會迅速消失就OK。

5　加入糖漬橙皮，以橡膠刮刀大致拌勻。

6　將步驟5的麵糊填入擠花袋，以封口夾封起，冷藏約3小時。

7　烤模以刷子薄薄塗上一層融化奶油。擠花袋前端剪掉約1cm，將麵糊擠入烤模約八分滿，再輕輕敲打烤模讓麵糊平整，放入冷藏室約10分鐘。

8　在預熱好的烤箱烤盤上快速放上烤模，烘烤約3分鐘。接著以190℃烤4至5分鐘，最後以170℃烤2至3分。待膨脹部分乾燥，以手指按壓有彈性，就表示烤好了。輕輕敲打烤模，靜置散熱至不燙手後，以牙籤叉起脫模，側面立在鋪了烘焙紙的烤盤上放涼即完成。

Note　○令人想在溫暖季節享用的清爽南國風瑪德蓮。
　　　　○以檸檬皮取代糖漬橙皮製作也非常好吃。

柚子瑪德蓮

Madeleines au yuzu

材料（7至8個分）

發酵奶油（無鹽）　55g

細砂糖　40g

A

低筋麵粉　45g

杏仁粉　10g

泡打粉　2g（約½小匙）

B

雞蛋　50g（M尺寸1個）

蜂蜜　5g

鹽巴　少許

柚子汁　1又½小匙

糖漬柚子皮ⓐ　20g

　ⓐ

融化奶油　適量

準備工作

○將蛋、蜂蜜、柚子汁回至常溫（約25℃）。

○發酵奶油切成適當大小，放入調理盆內隔水加熱，同時以橡膠刮刀攪拌，融化後移開熱水，冷卻至約40℃。

○糖漬柚子皮切成粗末。

○將A料放入塑膠袋，充分搖晃混合。

○將B料以打蛋器，如要切開蛋白般確實混合。

○烤盤放入烤箱，預熱至230℃。

作法

1　在調理盆中放入細砂糖，將A料過篩加入，以打蛋器攪拌均勻。

2　以手指在粉類中心挖出一個洞，緩緩將B料倒入，以打蛋器從調理盆中心開始攪拌約40次，慢慢攪拌至沒有粉感。

3　加入柚子汁，大致攪拌。

4　融化的發酵奶油分成3次加入，每次加入攪拌20至40次，緩緩拌勻。攪拌至提起打蛋器時，麵糊滴下的痕跡會迅速消失就OK。

5　加入糖漬柚子皮，以橡膠刮刀大致混合。麵糊表面蓋上保鮮膜，冷藏約3小時。

6　將步驟5的麵糊稍微攪拌後，填入擠花袋。

7　烤模以刷子薄薄塗上一層融化奶油。擠花袋前端剪掉約1cm，將麵糊擠入烤模約八分滿，再輕輕敲打烤模讓麵糊平整，放入冷藏室約10分鐘。

8　在預熱好的烤箱烤盤上快速放上烤模，烘烤約3分鐘。接著以190℃烤4至5分鐘，最後以170℃烤2至3分。待膨脹部分乾燥，以手指按壓有彈性，就表示烤好了。輕輕敲打烤模，靜置散熱至不燙手後，以牙籤叉起脫模，側面立在鋪了烘焙紙的烤盤上放涼即完成。

> *Note*　○在法國，柚子越來越常被使用於料理和甜點。糖漬柚子皮可以在烘焙材料行購得。
> ○由於糖漬柚子皮在麵糊中容易下沉，於調理盆內靜置後，填入擠花袋前要稍微攪拌。

果醬瑪德蓮

鬆軟的瑪德蓮蛋糕體
包覆濃稠的果醬，
請享受口感和味道的
搭配樂趣。

22

牛奶醬瑪德蓮

Madeleines fourrées à la confiture de lait

材料（7至8個分）

發酵奶油（無鹽）　55g

細砂糖　45g

A

> 低筋麵粉　40g
>
> 杏仁粉　10g
>
> 泡打粉　2g（約½小匙）

B

> 雞蛋　50g（M尺寸1個）
>
> 蜂蜜　8g
>
> 香草精　⅙小匙
>
> 鹽巴　少許

檸檬汁　½小匙

融化奶油　適量

牛奶醬　80g

> 鮮奶油（乳脂肪35%）　200mℓ
>
> 牛奶　130mℓ
>
> 細砂糖　65g

糖粉　適量

準備工作

○將蛋、蜂蜜、檸檬汁回至常溫（約25℃）。

○發酵奶油切成適當大小，放入調理盆內隔水加熱，同時以橡膠刮刀攪拌，融化後移開熱水，冷卻至約40℃。

○將A料放入塑膠袋，充分搖晃混合。

○將B料以打蛋器，如要切開蛋白般確實混合。

○烤盤放入烤箱，預熱至230℃。

作法

1　在調理盆中放入細砂糖，將A料過篩加入，以打蛋器攪拌均勻。

2　以手指在粉類中心挖出一個洞，緩緩將B料倒入，以打蛋器從調理盆中心開始攪拌約40次，慢慢攪拌至沒有粉感。

3　加入檸檬汁，整體大致攪拌。

4　融化的發酵奶油分成3次加入，每次加入攪拌20至40次，緩緩拌勻。攪拌至提起打蛋器時，麵糊滴下的痕跡會迅速消失就OK。

5　以橡膠刮刀大致拌勻。

6　將步驟5的麵糊填入擠花袋，以封口夾封起，冷藏約3小時。

7　製作牛奶醬：將牛奶醬的材料全部放入鍋內，一邊以橡膠刮刀攪拌混合，一邊以中火加熱煮至沸騰，接著轉小火，熬煮20至30分鐘ⓐ。

8　將鍋底浸入冰水，混和攪拌至黏濃稠的奶油狀ⓑ，完成牛奶醬。

9　烤模以刷子薄薄塗上一層融化奶油。步驟6的擠花袋前端剪掉約1cm，擠入烤模約八分滿，再輕輕敲打烤模讓麵糊平整，放入冷藏室約15分鐘。

10　在預熱好的烤箱烤盤上快速放上烤模，烘烤約3分鐘。接著以190℃烤4至5分鐘，最後以170℃烤2至3分。待膨脹部分乾燥，以手指按壓有彈性，就表示烤好了。輕輕敲打烤模，連著烤模靜置散熱。

11　將擠花袋裝上泡芙用花嘴ⓒ，填入步驟8的牛奶醬ⓓ ⓔ ⓕ。瑪德蓮以牙籤叉起脫模，趁還有餘溫時在膨脹的肚臍處插入花嘴，擠入約10g的牛奶醬ⓖ，最後以茶篩撒上糖粉即完成。

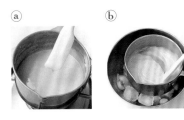

> *Note*　○有著柔和甜味的牛奶醬是誰都會喜歡的味道。
> ○瑪德蓮沒有烤出漂亮的肚臍時，擠入少量的牛奶醬，享用時再沾取牛奶醬即可。
> ○建議於牛奶醬擠入後一小時到隔天內食用完畢，因為靜置一個小時，牛奶醬會滲入蛋糕體，更加美味。
> ○熬煮牛奶醬的火力，大約是不攪拌時會冒泡的大小。由於快完成前容易燒焦，要注意火候。剩下的牛奶醬裝入密閉容器後冷藏，能夠保存5至7天，若凝固可以微波爐稍微加熱。

杏桃果醬瑪德蓮

MERCI!

覆盆子果醬瑪德蓮

24

杏桃果醬瑪德蓮

Madeleines fourrées à la confiture de abricots

材料（7至8個分）

發酵奶油（無鹽） 55g

細砂糖 40g

A

低筋麵粉 40g

杏仁粉 12g

泡打粉 2g（約½小匙）

B

雞蛋 50g（M尺寸1個）

蜂蜜 5g

檸檬汁 1小匙

薰衣草（花草茶用）ⓐ 1小匙

融化奶油 適量

杏桃果醬ⓑ 40g

準備工作

○將蛋、蜂蜜、檸檬汁回至常溫（約25℃）。

○發酵奶油切成適當大小，放入調理盆內隔水加熱，同時以橡膠刮刀攪拌，融化後移開熱水，冷卻至約40℃。

○薰衣草切成細末。

○將**A**料放入塑膠袋，充分搖晃混合。

○將**B**料以打蛋器，如要切開蛋白般確實混合。

○烤盤放入烤箱，預熱至230℃。

作法

1 在調理盆中放入細砂糖，將**A**料過篩加入，以打蛋器攪拌均勻。

2 以手指在粉類中心挖出一個洞，緩緩將**B**料倒入，以打蛋器從調理盆中心開始攪拌約40次，慢慢攪拌至沒有粉感。

3 加入檸檬汁，大致攪拌。

4 融化的發酵奶油分成3次加入，每次加入攪拌20至40次，緩緩拌勻。攪拌至提起打蛋器時，麵糊滴下的痕跡會迅速消失就OK。

5 加入薰衣草，以橡膠刮刀大致混合。

6 將步驟5的麵糊填入擠花袋，以封口夾封起，冷藏約3小時。

7 烤模以刷子薄薄塗上一層融化奶油。擠花袋前端剪掉約1cm，擠入烤模至八分滿，再輕輕敲打烤模讓麵糊平整，放入冷藏室約15分鐘。

8 在預熱好的烤箱烤盤上快速放上烤模，烘烤約3分鐘。接著以190℃烤4至5分鐘，最後以170℃烤2至3分鐘。待膨脹部分乾燥，以手指按壓有彈性，就表示烤好了。輕輕敲打烤模，連著烤模靜置散熱。

9 將擠花袋裝上泡芙用花嘴，填入杏桃果醬。瑪德蓮以牙籤叉起脫模，趁還有餘溫時在膨脹的肚臍處插入花嘴，擠入約5g的杏桃果醬。最後撒上適量薰衣草（分量外）即完成。

Note ○杏桃果醬使用濃縮了南法產杏桃美味的SABATON公司產品。薰衣草為花草茶用。

覆盆子果醬瑪德蓮

Madeleines fourrées à la confiture de framboises

材料（7至8個分）

發酵奶油（無鹽） 55g

細砂糖 45g

A

低筋麵粉 40g

杏仁粉 12g

泡打粉 2g（約½小匙）

B

雞蛋 50g（M尺寸1個）

蜂蜜 5g

檸檬汁 1小匙

融化奶油 適量

覆盆子果醬ⓐ 40g

櫻桃白蘭地 ½小匙

糖粉 適量

準備工作

○同「杏桃果醬瑪德蓮」，但不使用薰衣草。

作法

1 同「杏桃果醬瑪德蓮」的步驟1至9，但不使用薰衣草。在步驟9以混入櫻桃白蘭地的覆盆子果醬代替杏桃果醬，最後以茶篩撒上糖粉即完成。

Note ○加入果醬的櫻桃白蘭地和完成時撒的糖粉，分量依個人喜好，省略也OK。
○原味瑪德蓮加上酸甜的覆盆子果醬，是單純不膩口的搭配。覆盆子果醬使用ST.DALFOUR的產品。

液餡瑪德蓮

蜂蜜和焦糖、
黑糖蜜等液狀材料，
同樣可以加到瑪德蓮內
作為餡料。
充分滲入蛋糕體
會非常好吃唷。

蜂蜜香草瑪德蓮

Madeleines fourrées au miel

材料（7至8個分）

發酵奶油（無鹽） 55g

細砂糖 45g

A
低筋麵粉 40g
杏仁粉 10g
泡打粉 2g（約½小匙）

B
雞蛋 50g（M尺寸1個）
蜂蜜 8g
鹽巴 少許

檸檬汁 ½小匙

香草籽ⓐ ½本

融化奶油 適量

蜂蜜ⓑ 30g

準備工作

○將蛋、蜂蜜、檸檬汁回至常溫（約25℃）。
○發酵奶油切成適當大小，放入調理盆內隔水加熱，同時以橡膠刮刀攪拌，融化後移開熱水，冷卻至約40℃。
○香草籽以刀縱向對半劃開ⓒ，刮下種子ⓓ。
○將A料放入塑膠袋，充分搖晃混合。
○將B料以打蛋器，如要切開蛋白般確實混合。
○烤盤放入烤箱，預熱至230℃。

作法

1　在調理盆中放入細砂糖，將A料過篩加入，以打蛋器攪拌均勻。

2　以手指在粉類中心挖出一個洞，緩緩將B料倒入，以打蛋器從調理盆中心開始攪拌約40次，慢慢攪拌至沒有粉感。

3　加入檸檬汁和香草籽，大致攪拌。

4　融化的發酵奶油分成3次加入，每次加入攪拌20至40次，緩緩拌勻。攪拌至提起打蛋器時，麵糊滴下的痕跡會迅速消失就OK。

5　以橡膠刮刀大致拌勻。

6　將步驟5的麵糊填入擠花袋，以封口夾封起，冷藏約3小時。

7　烤模以刷子薄薄塗上一層融化奶油。擠花袋前端剪掉約1cm，擠入烤模約八分滿，再輕輕敲打烤模讓麵糊平整，放入冷藏室約15分鐘。

8　在預熱好的烤箱烤盤上快速放上烤模，烘烤約3分鐘。接著以190℃烤4至5分鐘，最後以170℃烤2至3分鐘。待膨脹部分乾燥，以手指按壓有彈性，就表示烤好了。輕輕敲打烤模，連著烤模靜置散熱。

9　在裝上泡芙用花嘴的擠花袋（或針筒）中填入蜂蜜。瑪德蓮以牙籤叉起脫模，趁還有餘溫時在膨脹的肚臍處插入花嘴（或針筒），擠入約3至4g的蜂蜜ⓔ即完成。

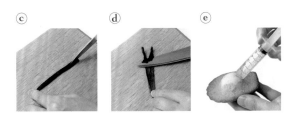

Note　○滿滿香草香氣的瑪德蓮加上濃稠的蜂蜜，豪華的味道。
○在灌入蜂蜜這類有黏度的餡料時，比起擠花袋更推薦使用針筒（無針），在藥局或是百元商店都可買到。建議於注入餡料後到隔天內食用完畢。
○蜂蜜推薦使用fleurs printanières的金合歡蜂蜜。在勃根地採收，特色是有著輕柔細緻的味道。

焦糖百里香瑪德蓮
Madeleines fourrées au caramel au thym

黑糖蜜抹茶瑪德蓮
Madeleines fourrées au thé vert matcha

黑糖蜜抹茶瑪德蓮

材料（7至8個分）

發酵奶油（無鹽）　55g

糖粉　42g

A

　低筋麵粉　40g

　抹茶粉　4g

　玉米粉　5g

　泡打粉　2g（約½小匙）

B

　雞蛋　50g（M尺寸1個）

　水飴　15g

　溫水　2小匙

融化奶油　適量

黑糖蜜（市售）　30g

準備工作

○將蛋、水飴回至常溫（約25℃）。

○發酵奶油切成適當大小，放入調理盆內隔水加熱，同時以橡膠刮刀攪拌，融化後移開熱水，冷卻至約40℃。

○將A料放入塑膠袋，充分搖晃混合。

○將B料以打蛋器，如要切開蛋白般確實混合。

○烤盤放入烤箱，預熱至230℃。

作法

1　在調理盆中放入糖粉，將A料過篩加入，以打蛋器攪拌均勻。

2　以手指在粉類中心挖出一個洞，緩緩將B料倒入，以打蛋器從調理盆中心開始攪拌約40次，慢慢攪拌至沒有粉感。

3　融化的發酵奶油分成3次加入，每次加入攪拌20至40次，緩緩拌勻。攪拌至提起打蛋器時，麵糊滴下的痕跡會迅速消失就OK。

4　以橡膠刮刀大致拌勻。

5　將步驟4的麵糊填入擠花袋，以封口夾封口，冷藏約3小時。

6　烤模以刷子薄薄塗上一層融化奶油。擠花袋前端剪掉約1cm，擠入烤模約九分滿，再輕輕敲打烤模讓麵糊平整，放入冷藏室約15分鐘。

7　在預熱好的烤箱烤盤上快速放上烤模，烘烤約3分鐘。接著以190℃烤4分鐘，最後以170℃烤2至3分。待膨脹部分乾燥，以手指按壓有彈性，就表示烤好了。輕輕敲打烤模，連著烤模靜置散熱。

8　在裝上泡芙用花嘴的擠花袋（或是針筒）中填入黑糖蜜。瑪德蓮以牙籤叉起脫模，趁還有餘溫時在膨脹的肚臍處插入花嘴（或是針筒），擠入約3至4g的黑糖蜜即完成。

> *Note*　○像和菓子般熟悉的味道。
> ○黑糖蜜使用有黏度的種類會更容易注入。
> ○為了作出鬆軟口感而加入玉米粉。

焦糖百里香瑪德蓮

材料（7至8個分）

發酵奶油（無鹽）　55g

細砂糖　45g

A

　低筋麵粉　40g

　杏仁粉　10g

　泡打粉　2g（約½小匙）

B

　雞蛋　50g（M尺寸1個）

　蜂蜜　8g

　香草精　⅛小匙

　鹽巴　少許

檸檬汁　½小匙

融化奶油　適量

百里香焦糖　80g

　鮮奶油（乳脂肪35%）　100mℓ

　百里香　5枝

　細砂糖　50g

　奶油（無鹽）　10g

準備工作

○同「黑糖蜜抹茶瑪德蓮」，但不需要水飴，檸檬汁及蜂蜜也回至常溫。

○在大調理盆內放入水備用。

作法

1　同「黑糖蜜抹茶瑪德蓮」的步驟1至7，只是步驟3在加入發酵奶油前，先加入檸檬汁大致攪拌。

2　製作百里香焦糖：在小鍋中放入鮮奶油和百里香，以中小火加熱，煮至快要沸騰時從火上移開，蓋上保鮮膜靜置約20分鐘。

3　平底鍋放入細砂糖，開大火，以橡膠刮刀攪拌融化。呈深茶色後從火上移開，平底鍋底浸入大調理盆內的水中。

4　將步驟2的材料以小火重新加熱到皮膚溫度，分3至4次過篩加入平底鍋內，以打蛋器混合。

5　加入奶油，充分攪拌均勻。將平底鍋底浸入冰水，以橡膠刮刀攪拌至冷卻，完成百里香焦糖。

6　在裝上泡芙用花嘴的擠花袋中填入步驟5的餡料。瑪德蓮以牙籤叉起脫模，趁還有餘溫時在膨脹的肚臍處插入花嘴，擠入約10g百里香焦糖（不使用針筒）即完成。

> *Note*　○帶有清涼感的百里香香氣是重點，在步驟4將鮮奶油過篩時，擠壓百里香以確實留下香味。
> ○建議於焦糖餡擠入後一小時的當天內食用完畢，若想留至隔天食用，可以保鮮膜包裹冷藏。
> ○剩下的焦糖冷藏保存，要使用時以微波爐加熱20秒軟化。塗在麵包上也很好吃。

奶油餡瑪德蓮

內含奶油餡的瑪德蓮
在巴黎非常有人氣。
水果的風味搭配奶油餡的滑順口感，
讓瑪德蓮搖身一變為
華麗又美味的甜點。

檸檬奶油餡瑪德蓮

葡萄柚奶油餡瑪德蓮

栗子奶油餡瑪德蓮

檸檬奶油餡瑪德蓮

Madeleines fourrées à la crème de citron

材料 （7至8個分）

發酵奶油（無鹽）　55g
細砂糖　45g

A
　低筋麵粉　40g
　杏仁粉　10g
　泡打粉　2g（約½小匙）

B
　雞蛋　50g（M尺寸1個）
　蜂蜜　8g
　香草精　⅙小匙
　鹽巴　少許
檸檬皮　小1個分
檸檬汁　½小匙
融化奶油　適量

檸檬奶油　80g
　檸檬汁　40㎖
　雞蛋　50g（M尺寸1個）
　細砂糖　40g
　奶油（無鹽）　30g
糖粉　適量

準備工作

○將蛋、蜂蜜、檸檬汁回至常溫（約25℃）。
○發酵奶油切成適當大小，放入調理盆內隔水加熱，同時以橡膠刮刀攪拌，融化後移開熱水，冷卻至約40℃。
○將**A**料放入塑膠袋，充分搖晃混合。
○將**B**料以打蛋器，如要切開蛋白般確實混合。
○烤盤放入烤箱，預熱至230℃。

作法

1　在調理盆中放入細砂糖，將**A**料過篩加入，以打蛋器攪拌均勻。

2　手指在粉類中心挖出一個洞，緩緩將**B**料倒入，以打蛋器從調理盆中心開始攪拌約40次，慢慢攪拌至沒有粉感。

3　磨碎檸檬皮加入，接著加入檸檬汁，大致攪拌。

4　融化的發酵奶油分成3次加入，每次加入攪拌20至40次，緩緩拌勻。攪拌至提起打蛋器時，麵糊滴下的痕跡會迅速消失就OK。

5　以橡膠刮刀大致拌勻。

6　將步驟**5**的麵糊填入擠花袋，以封口夾封起，放入冷藏室約15分鐘。

7　製作檸檬奶油：將蛋和1/2細砂糖放入調理盆內，以打蛋器攪拌混合。

8　在小鍋中放入檸檬汁、剩餘的細砂糖和奶油，以小火加熱，同時以打蛋器攪拌ⓐ，細砂糖融解後從火上移開，在步驟**7**的調理盆倒入1/3的量拌勻ⓑ。

9　將調理盆內的材料倒回小鍋中ⓒ隔水加熱，以打蛋器攪拌至黏稠狀ⓓ。

10　過篩倒入調理盆ⓔ，盆底浸入冰水，以橡膠刮刀攪拌至降溫，完成檸檬奶油，冷藏備用。

11　烤模以刷子薄薄塗上一層融化奶油。步驟**6**的擠花袋前端剪掉約1cm，擠入烤模約九分滿，輕輕敲打烤模讓麵糊平整，放入冷藏室約15分鐘。

12　在預熱好的烤箱烤盤上快速放上烤模，烘烤約3分鐘。接著以190℃烤3至4分鐘，最後以170℃烤2至3分鐘。待膨脹部分乾燥，以手指按壓有彈性，就表示烤好了。輕輕敲打烤模，連著烤模靜置散熱。

13　擠花袋裝上泡芙用花嘴，填入步驟**10**的檸檬奶油。瑪德蓮以牙籤叉起脫模，趁還有餘溫時在膨脹的肚臍處插入花嘴，擠入約10g的檸檬奶油，再以茶篩撒上糖粉及適量的碎檸檬皮（分量外）即完成。

Note　○包入大量檸檬奶油（lemon curd），有著濃郁的香味。
○檸檬奶油若有剩下，可冷藏保存，加在優格或是冰淇淋上，或者拿來沾餅乾也很好吃。
○推薦使用日本產無農藥，無化學防腐的檸檬。
○由於奶油餡容易變質，請在出爐當天內品嚐。加入奶油後一個小時是最佳品嚐時機。

ⓐ　　　　ⓑ　　　　ⓒ　　　　ⓓ　　　　ⓔ

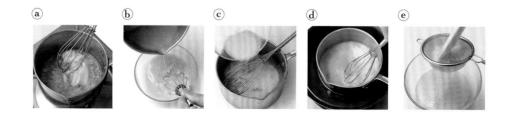

葡萄柚奶油瑪德蓮

Madeleines fourrées à la crème de pamplemousse

材料（7至8個分）

發酵奶油（無鹽） 55g

細砂糖 45g

A

　低筋麵粉 40g

　杏仁粉 10g

　泡打粉 2g（約½小匙）

B

　雞蛋 50g（M尺寸1個）

　蜂蜜 8g

　香草精 ⅛小匙

　鹽巴 少許

檸檬皮 小1個分

檸檬汁 ½小匙

融化奶油 適量

葡萄柚奶油 80g

　葡萄柚汁 50mℓ

　雞蛋 50g（M尺寸1個）

　細砂糖 45g

　奶油（無鹽） 55g

　迷迭香 1枝

準備工作

○同p.32「檸檬奶油餡瑪德蓮」。

作法

1 同p.32「檸檬奶油餡瑪德蓮」步驟**1**至**6**。

2 製作葡萄柚奶油：將蛋和1/2細砂糖倒入調理盆內，以打蛋器攪拌混合。

3 在小鍋中倒入葡萄柚汁、剩餘的細砂糖、奶油及迷迭香，以小火加熱，同時以打蛋器攪拌，細砂糖融解後從火上移開，在步驟**2**的調理盆內倒入1/3量攪拌。

4 將調理盆內的材料倒回小鍋中隔水加熱，以打蛋器攪拌至黏稠狀。

5 過篩倒入調理盆，盆底浸入冰水，以橡膠刮刀攪拌至降溫，完成葡萄柚奶油，冷藏備用。

6 烤模以刷子薄薄塗上一層融化奶油。步驟**1**的擠花袋前端剪掉約1cm，擠入烤模約九分滿，輕輕敲打烤模讓麵糊平整，放入冷藏室約15分鐘。

7 在預熱好的烤箱烤盤上快速放上烤模，烘烤約3分鐘。接著以190℃烤3至4分鐘，最後以170℃烤2至3分鐘。待膨脹部分乾燥，以手指按壓有彈性，就表示烤好了。輕輕敲打烤模，連著烤模靜置散熱。

8 擠花袋裝上泡芙用花嘴，填入步驟**5**的葡萄柚奶油。瑪德蓮以牙籤叉起脫模，趁還有餘溫時在膨脹的肚臍處插入花嘴，擠入約10g的葡萄柚奶油，最後撒上適量的迷迭香（分量外）即完成。

Note ○包入酸甜且微帶苦味的葡萄柚奶油餡，有清爽風味的瑪德蓮。
○葡萄柚奶油若有剩下，可冷藏保存，加在優格或是冰淇淋上，或拿來沾餅乾也很好吃。
○由於奶油餡容易變質，請在出爐當天內食用完畢。

栗子奶油餡瑪德蓮

Madeleines fourrées à la crème de châtaignes

材料（7至8個分）

發酵奶油（無鹽） 55g

細砂糖 40g

A

　低筋麵粉 40g

　杏仁粉 12g

　泡打粉 2g（約½小匙）

B

　雞蛋 50g（M尺寸1個）

　蜂蜜 8g

　香草精 ⅛小匙

檸檬汁 ½小匙

融化奶油 適量

栗子奶油

　栗子泥ⓐ 55g

　杏桃果醬 10g

ⓐ

準備工作

○同p.32「檸檬奶油餡瑪德蓮」。

作法

1 同p.32「檸檬奶油餡瑪德蓮」步驟**1**至**6**，以及步驟**11**至**12**，但是步驟**3**不加入檸檬皮。

2 製作栗子奶油：栗子泥放入調理盆，以橡膠刮刀攪散至鬆軟，再加入杏桃果醬，以打蛋器攪拌混合。

3 擠花袋裝上泡芙用花嘴，填入步驟**2**的栗子奶油。瑪德蓮以牙籤叉起脫模，趁還有餘溫時在膨脹的肚臍處插入花嘴，擠入約8g的栗子奶油即完成。

Note ○添加杏桃果醬帶出輕盈感的栗子奶油，栗子泥使用SABATON的產品。
○由於奶油餡容易變質，請在出爐當天內食用完畢。

甘納許瑪德蓮

甘納許指的是巧克力和
鮮奶油混合後的
巧克力奶油。
讓瑪德蓮的風味變得強烈，
適合喜歡濃厚味道的人。

巧克力甘納許瑪德蓮

咖啡甘納許瑪德蓮

白巧克力甘納許瑪德蓮

巧克力甘納許瑪德蓮

Madeleines au cœur de ganache au chocolat

材料（7至8個分）

發酵奶油（無鹽）　55g

上白糖　40g

A

　低筋麵粉　20g

　可可粉　18g

　杏仁粉　15g

　泡打粉　2g（約½小匙）

B

　雞蛋　50g（M尺寸1個）

　蜂蜜　8g

　香草精　⅛小匙

檸檬汁　½小匙

融化奶油　適量

甘納許

　調溫巧克力（甜）ⓐ　40g

　鮮奶油（乳脂肪35%）　35㎖

　奶油（無鹽）　10g

糖粉　適量

ⓐ

準備工作

○將蛋、蜂蜜、檸檬汁及甘納許的奶油回至常溫（約25℃）。

○發酵奶油切成適當大小，放入調理盆內隔水加熱，同時以橡膠刮刀攪拌，融化後移開熱水，冷卻至約40℃。

○將A料放入塑膠袋，充分搖晃混合。

○將B料以打蛋器，如要切開蛋白般確實混合。

○烤盤放入烤箱，預熱至230℃。

作法

1　在調理盆中放入上白糖，將A料過篩加入，以打蛋器攪拌均勻。

2　以手指在粉類中心挖出一個洞，緩緩將B料倒入，以打蛋器從調理盆中心開始攪拌約40次，慢慢攪拌至沒有粉感。

3　加入檸檬汁，大致混合。

4　融化的發酵奶油分成3次加入，每次加入攪拌20至40次，緩緩拌勻。攪拌至提起打蛋器時，麵糊滴下的痕跡會迅速消失就OK。

5　以橡膠刮刀大致拌勻。

6　將步驟5的麵糊填入擠花袋，以封口夾封起，冷藏約3小時。

7　烤模以刷子薄薄塗上一層融化奶油。擠花袋前端剪掉約1cm，擠入烤模約九分滿，輕輕敲打烤模讓麵糊平整，放入冷藏室約15分鐘。

8　在預熱好的烤箱烤盤上快速放上烤模，烘烤約3分鐘。接著以190℃烤4分鐘，最後以170℃烤2至3分鐘。待膨脹部分乾燥，以手指按壓有彈性，就表示烤好了。輕輕敲打烤模，連著烤模靜置散熱。

9　趁瑪德蓮還溫溫熱時製作甘納許：將調溫巧克力與鮮奶油放入耐熱調理盆ⓑ，蓋上保鮮膜，以微波爐加熱約50秒，使巧克力融化ⓒ。

10　以打蛋器大致攪拌ⓓ，一邊加入奶油充分混合均勻ⓔ。

11　將調理盆底部浸入冰水，以橡皮刮刀慢慢攪拌至乳霜狀，完成甘納許。

12　擠花袋裝上泡芙用花嘴，裝入步驟11的甘納許。瑪德蓮以牙籤叉起脫模，在膨脹的肚臍處插入花嘴，擠入約10g的甘納許，最後以茶篩撒上糖粉即完成。

Note　○以巧克力口味的蛋糕體包入甘納許的雙重巧克力瑪德蓮。
○調溫巧克力使用的是CACAO BARRY出品的Excellence 可可成分55%。
○甘納許溫度太低會急速硬化，攪拌時要注意。
○使用了適合用於巧克力蛋糕的上白糖，也可改用細砂糖。

ⓑ　　ⓒ　　ⓓ　　ⓔ

咖啡甘納許瑪德蓮

Madeleines au cœur de ganache au café

材料（7至8個分）

發酵奶油（無鹽）　55g
糖粉　40g

A
低筋麵粉　40g
杏仁粉　10g
泡打粉　2g（約½小匙）

B
雞蛋　50g（M尺寸1個）
蜂蜜　5g
即溶咖啡ⓐ　1小匙

檸檬汁　½小匙
融化奶油　適量

咖啡甘納許
調溫巧克力（牛奶）ⓑ　45g
鮮奶油（乳脂肪35%）　35mℓ
即溶咖啡　1小匙
奶油（無鹽）　10g

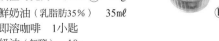

準備工作

○同p.36「巧克力甘納許瑪德蓮」。

作法

1　同p.36「巧克力甘納許瑪德蓮」步驟**1**至**8**，但是步驟**1**以糖粉取代上白糖。

2　趁瑪德蓮還溫熱時製作咖啡甘納許：在耐熱調理盆中放入調溫巧克力、鮮奶油和即溶咖啡，蓋上保鮮膜，以微波爐加熱約40秒，使巧克力融化。

3　以打蛋器大略攪拌，一邊加入奶油充分混合均勻。

4　將調理盆底部浸入冰水，以橡皮刮刀慢慢攪拌至乳霜狀，完成咖啡甘納許。

5　擠花袋裝上泡芙用花嘴，裝入步驟**11**的咖啡甘納許。瑪德蓮以牙籤叉起脫模，在膨脹的肚臍處插入花嘴，擠入約10g的咖啡甘納許，最後以茶篩撒上糖粉完成。

Note
○將容易取得的即溶咖啡加在麵糊和奶油內便可輕鬆製作，微帶苦味也很適合不嗜甜的人。
○即溶咖啡推薦使用味道濃郁的產品
○調溫巧克力使用CACAO BARRY出品的Lactee Superieure 可可成分38.2%。
○糖粉可以細砂糖代替。

白巧克力甘納許瑪德蓮

Madeleines au cœur de ganache au chocolat blanc

材料（7至8個分）

發酵奶油（無鹽）　55g
細砂糖　40g

A
低筋麵粉　40g
杏仁粉　12g
泡打粉　2g（約½小匙）

B
雞蛋　50g（M尺寸1個）
蜂蜜　5g
香草精　⅙小匙

檸檬汁　½小匙
蘭姆葡萄　30g
融化奶油　適量

白巧克力甘納許
調溫巧克力（白巧克力）ⓐ　50g
鮮奶油（乳脂肪35%）　25mℓ
奶油（無鹽）　10g
（按喜好）蘭姆酒　½小匙

糖粉　適量

準備工作

○同p.36「巧克力甘納許瑪德蓮」。
○蘭姆葡萄切粗末。

作法

1　同p.36「巧克力甘納許瑪德蓮」的步驟**1**至**8**，但是步驟**1**以細砂糖取代上白糖。步驟**5**則加入2/3的蘭姆葡萄後攪拌。步驟**7**則在麵糊擠入烤模後，撒上剩餘的蘭姆葡萄。

2　趁瑪德蓮還溫熱時製作白巧克力甘納許：在耐熱調理盆中放調溫巧克力和鮮奶油，蓋上保鮮膜，以微波爐加熱約40秒，使巧克力融化。

3　以打蛋器大致攪拌，再加入奶油和蘭姆酒充分混合均勻。

4　將調理盆底部浸入冰水，以橡皮刮刀慢慢攪拌至乳霜狀，完成白巧克力甘納許。

5　擠花袋裝上泡芙用花嘴，裝入步驟**4**的白巧克力甘納許。瑪德蓮以牙籤叉起脫模，在膨脹的肚臍處插入花嘴，擠入約10g的白巧克力甘納許，最後以茶篩撒上糖粉即完成。

Note
○酒香濃郁的蘭姆葡萄加上奶味濃厚的白巧克力，正是推薦給大人的奢華搭配。
○調溫巧克力使用CACAO BARRY出品的Blanc Satin 可可成分29%。白巧克力容易焦化，微波加熱的時間請依狀況調整。

鹹味瑪德蓮

瑪德蓮小巧易入口，
作成鹹味便很適合作
為餐前酒佐食，
在法國是相當普遍的吃法。

番茄橄欖瑪德蓮

Madeleines salés aux tomates séchées et olives

材料（6個分）

A
　奶油（無鹽）　30g
　橄欖油　2小匙

B
　橄欖　15g
　乾燥番茄（油漬）　20g

C
　雞蛋　50g（M尺寸1個）
　牛奶　20ml
　鹽巴　⅓小匙
　蒜泥　¼小匙

D
　低筋麵粉　55g
　泡打粉　2g（約½小匙）

E
　起司粉　1又⅓大匙
　義大利歐芹粗末　1大匙
　粗粒黑胡椒　少許
　辣椒粗末（或是辣椒粉）　少許
融化奶油　適量

準備工作

○將蛋回至常溫（約25℃）。
○A料中的奶油切成適當大小，和橄欖油一起放入調理盆內隔水加熱，以橡膠刮刀攪拌，融化後從熱水中取出，冷卻至約40℃。
○B料中的橄欖和乾燥番茄切粗末ⓐⓑ。
○C料以打蛋器，如要切開蛋白般確實混合。
○混合E料。
○烤盤放入烤箱，預熱至230℃。

作法

1　在調理盆倒入D料。

2　手指在粉類中心挖出一個洞，緩緩將C料倒入，以打蛋器從調理盆中心開始攪拌約40次，慢慢攪拌至沒有粉感ⓒⓓ。

3　將A料分兩次加入，每次加入都充分混合。

4　B料及E料依序加入，每次都以橡膠刮刀大致攪拌。

5　烤模以刷子薄薄塗上一層融化奶油。以橡膠刮刀將步4的麵糊刮入烤模至九分滿，輕輕敲打烤模讓麵糊平整，撒上少許辣椒末（分量外），放入冷藏室約30分鐘。

6　在預熱好的烤箱烤盤上快速放上烤模，烘烤約3分鐘。接著以190℃烤4至5分鐘，最後以170℃烤2至3分鐘。待膨脹部分乾燥，以手指按壓有彈性，就表示烤好了。輕輕敲打烤模，以牙籤叉起脫模，置於散熱架上放涼，最後撒上少許辣椒粗末（分量外）即完成。

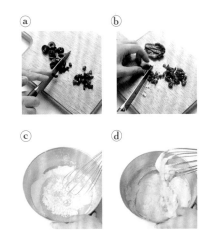

ⓐ　ⓑ　ⓒ　ⓓ

Note　○帶有乾燥番茄的酸味和橄欖味道，義大利風味的鹹味瑪德蓮。
○鹹味瑪德蓮不使用發酵奶油，而是一般奶油，有些會加入橄欖油。推薦使用特級初榨橄欖油，可以作出輕盈口感。
○將麵糊靜置30分鐘也是為了烤出輕盈口感，並且麵糊會硬化，所以不使用擠花袋。
○由於水分比甜味瑪德蓮少，攪拌時麵糊容易積在打蛋器中央，請不時將沾在打蛋器上的麵糊取下，一起混合。

培根洋蔥瑪德蓮

洋菇核桃瑪德蓮

40

培根洋蔥瑪德蓮 *Madeleines salés au bacon et aux oignons*

材料（6個分）

A
| 奶油（無鹽） 30g
| 橄欖油 2小匙

B
| 培根（切薄片） 2片（40g）
| 碎洋蔥 40g
| 粗粒黑胡椒 少許

C
| 雞蛋 50g（M尺寸1個）
| 牛奶 20mℓ
| 鹽巴 ⅓小匙
| 蒜泥 ¼小匙

D
| 低筋麵粉 55g
| 泡打粉 2g（約½小匙）
起司粉 1又⅓大匙
粗粒黑胡椒 少許
融化奶油 適量

準備工作

○將蛋回至常溫（約25℃）。
○A料中的奶油切成適當大小，和橄欖油一起放入調理盆內隔水加熱，以橡膠刮刀攪拌，融化後從熱水中取出，冷卻至約40℃。
○B料中的培根切細，以平底鍋中火炒至出油後，加入洋蔥繼續拌炒，撒上黑胡椒，放涼備用。

○C料以打蛋器，如要切開蛋白般確實混合。
○烤盤放入烤箱，預熱至230℃。

作法

1　在調理盆中放入D料。

2　以手指在粉類中心挖出一個洞，緩緩將C料倒入，以打蛋器從調理盆中心開始攪拌約40次，慢慢攪拌至沒有粉感。

3　將A料分兩次倒入，每次加入都充分混合。

4　加入起司粉和黑胡椒，以橡膠刮刀大致攪拌。

5　加入B料，全體大致拌勻。

6　烤模以刷子薄薄塗上一層融化奶油。以橡膠刮刀將步驟5的麵糊刮入烤模約九分滿，輕輕敲打烤模讓麵糊平整，放入冷藏室約30分鐘。

7　在預熱好的烤箱烤盤上快速放上烤模，烘烤約3分鐘。接著以190℃烤4至5分鐘，最後以170℃烤2至3分鐘。待膨脹部分乾燥，以手指按壓有彈性，就表示烤好了。輕輕敲打烤模，以牙籤叉起脫模，於散熱架上放涼即完成。

Note　○洋蔥的甘甜可以襯托培根的鹹味。
　　　　○也可以加入少許肉豆蔻粉增加味道的層次，相當美味。

洋菇核桃瑪德蓮 *Madeleines salés aux champignons et noix*

材料（6個分）

A
| 奶油（無鹽） 30g
| 橄欖油 2小匙

B
| 洋菇 大2個（50g）
| 迷迭香 1枝
| 橄欖油 2小匙
| 鹽巴胡椒 各少許

C
| 雞蛋 50g（M尺寸1個）
| 牛奶 20
| 鹽巴 小匙
| 蒜泥 ¼小匙

D
| 低筋麵粉 55g
| 泡打粉 2g（約½小匙）
核桃（烘烤） 30g
起司粉 1又⅓大匙
粗粒黑椒 少許
融化奶油 適量

準備工作

○將蛋回至常溫（約25℃）。
○A料中的奶油切成適當大小，和橄欖油一起放入調理盆內隔水加熱，以橡膠刮刀攪拌，融化後從熱水中取出，冷卻至約40℃。
○B料中的洋菇切塊，平底鍋放入迷迭香和橄欖油後以小火加熱，有香味後加入洋菇，以中強火炒至軟化，撒上鹽和胡椒，關火冷卻備用。
○胡桃大致切碎。
○C料以打蛋器，如要切開蛋白般確實混合。
○烤盤放入烤箱，預熱至230℃。

作法

1　同「培根洋蔥瑪德蓮」步驟1至7，但在步驟5和B料一起加入核桃。

Note　○可以品嚐到洋菇及核桃韻味的瑪德蓮，很適合搭配冰涼的白葡萄酒一起享用。

咖哩瑪德蓮

Fromage.

起司瑪德蓮

咖哩瑪德蓮 ~ *Madeleines salés au curry*

材料（6個分）

A
- 奶油（無鹽） 30g
- 橄欖油 2小匙

B
- 起司粉 1又⅓大匙
- 咖哩粉 1又½小匙
- 粗粒黑胡椒 少許

C
- 雞蛋 50g（M尺寸1個）
- 牛奶 20㎖
- 鹽巴 ⅓小匙
- 蒜泥 ¼小匙

D
- 低筋麵粉 55g
- 泡打粉 2g（約½小匙）
- 粗絞香腸 4根（約75g）
- 融化奶油 適量

準備工作

○將蛋回至常溫（約25℃）。
○A料中的奶油切成適當大小，和橄欖油一起放入調理盆內隔水加熱，以橡膠刮刀攪拌，融化後從熱水中取出，冷卻至約40℃。
○香腸大致切碎，以平底鍋稍微煎過後放涼備用。
○將B料混合。
○C料以打蛋器，如要切開蛋白般確實混合。
○烤盤放入烤箱，預熱至230℃。

作法

1 在調理盆中放入D料。

2 以手指在粉類中心挖出一個洞，緩緩將C料倒入，以打蛋器從調理盆中心開始攪拌約40次，慢慢攪拌至沒有粉感。

3 將A料分兩次加入，每次都充分攪拌均勻。

4 依序加入B料和香腸，每次都以橡膠刮刀大致混合。

5 烤模以刷子薄薄塗上一層融化奶油。以橡膠刮刀將步驟4的麵糊刮入烤模至九分滿，輕輕敲打烤模讓麵糊平整，放入冷藏室約30分鐘。

6 在預熱好的烤箱烤盤上快速放上烤模，烘烤約3分鐘。接著以190℃烤4至5分鐘，最後以170℃烤2至3分鐘。待膨脹部分乾燥，以手指按壓有彈性，就表示烤好了。輕輕敲打烤模，以牙籤叉起脫模，於散熱架上放涼即完成。

> *Note*
> ○孩子最喜歡的咖哩香味會在出爐時飄散開。
> ○加上和香腸一起切粗末的羅勒葉4至5片，會有更濃郁的香氣。

起司瑪德蓮 ~ *Madeleines salés au fromage*

材料（6個分）

A
- 奶油（無鹽） 30g
- 橄欖油 2小匙

B
- 起司粉 15g
- 切達起司 20g
- 粗粒黑胡椒 少許

C
- 雞蛋 50g（M尺寸1個）
- 牛奶 20㎖
- 鹽巴 ⅓小匙
- 蒜泥 ¼小匙

D
- 低筋麵粉 55g
- 泡打粉 2g（約½小匙）
- 奧勒岡（乾燥） 少許
- 粗粒黑胡椒 少許
- 融化奶油 適量

準備工作

○同上方「咖哩瑪德蓮」，但是不加入香腸，B料準備工作如下。
○B料中的切達起司切粗末ⓐ，和起司粉及黑胡椒混合。

作法

1 同上方「咖哩瑪德蓮」步驟1至6，但省略加入香腸的步驟4。步驟5則在使麵糊平整後，撒上奧勒岡和黑胡椒。

ⓐ

> *Note*
> ○使用起司粉和切達起司這兩種起司來增加風味，奧勒岡的香氣則用於點綴。

Financiers

費南雪

費南雪（financier）原意是資本家和財經界人士，

以金條為概念，而作成了這樣的形狀，

也有一說是在證券交易所附近的甜點店想出來的點子。

不使用蛋黃，只以蛋白製作。

杏仁粉和焦化奶油的風味是決定味道的關鍵。

基本款費南雪
~ *Financiers traditionnelles*

費南雪的特徵是帶有焦化奶油和杏仁粉的風味。
口感蓬鬆柔軟。

剖面扎實，
邊緣有著漂亮的烤色。

中央有著緩和的膨起。
打算在上面作裝飾時，
將麵糊的量稍微減少，
烤得薄一些。

材料（6個分）

發酵奶油（不含鹽）　45g
細砂糖　55g
鹽巴ⓐ　少許
A
⎡ 低筋麵粉　15g
⎣ 杏仁粉　30g
蛋白　40g（L尺寸1個分）
蜂蜜　10g
融化奶油　適量
→材料一定要事先秤量過後再開始作業ⓑ。

ⓑ

鹽巴的量較瑪德蓮
稍多一些。

ⓐ

準備工作

○蛋白和蜂蜜回至室溫（25℃）。
→為了容易混合。

○在大調理盆內放入水備用。
→製作焦化奶油時，用於降溫鍋子，選擇可以放入鍋子的調理盆或深烤盤。

○將**A**料裝入塑膠袋，充分搖晃混合ⓒ。
→可以讓烤出的費南雪更為細緻，也更容易混入空氣。

○以刷子確實將融化奶油塗上模型ⓓ。
→為了能在費南雪麵糊完成時立刻倒入模內，先塗上奶油備用。可將無鹽奶油以微波
　爐加熱幾秒後使用。費南雪麵糊比瑪德蓮更黏稠，要多塗一些。

○將烤盤放入烤箱，預熱至220℃備用。
→烤盤裝在下層。

ⓒ　　　　　　　ⓓ

作法

1 製作焦化奶油：發酵奶油切成適當大小，放入鍋內以小火加熱，以橡膠刮刀緩緩攪拌ⓐ。
待奶油融化，泡沫變小，沉澱物開始呈現茶色時關火ⓑ，鍋底浸入大調理盆的水中降溫ⓒ，
以茶篩慢慢過濾30g的分量ⓓ，靜置放涼至約70℃。
　→焦化奶油的香味是費南雪美味的關鍵，以小火確實蒸發水分，作出香脆的焦化奶油。注意不要過焦。

2 在調理盆內放入細砂糖和鹽，將**A**料過篩加入ⓔ，以打蛋器攪拌混合ⓕ。
　→攪拌至細砂糖和鹽均勻鋪開就OK。

3 以手指在粉類中心挖出一個洞ⓖ，緩緩將蛋白倒入ⓗ，以打蛋器從調理盆中心開始攪拌約
90次，慢慢攪拌至沒有粉感ⓘⓙⓚ。
　→成品口感會因為攪拌次數有所不同，次數少會變得清爽，次數多就會烤出濕潤的口感。

4 加入蜂蜜ⓛ，充分攪拌混合。
　→攪拌至完全看不到蜂蜜就OK。

5 步驟**1**的焦化奶油分成3次加入ⓜ，每次加入都攪拌30至40次（第3次約攪拌60次），緩緩
攪拌到整體充分混合ⓝ。攪拌至提起打蛋器時，麵糊滴下的痕跡會迅速消失就OKⓞ。
　→焦化奶油的理想溫度是70℃，絕對不要過熱。若溫度太低就再次加熱。

6 以橡膠刮刀大致拌勻ⓟ。
　→若是有固體配料的配方，則在此步驟加入。將調理盆側面的麵糊也刮乾淨。

7 以橡膠刮刀將步驟**6**的麵糊刮入烤模至九分滿ⓠ，輕輕敲打烤模讓麵糊平整ⓡ。
　→有加入配料的麵糊，或是上方要加以裝飾時，麵糊倒至烤模八分滿即可。

8 在預熱好的烤箱烤盤上放上烤模，烘烤約8至10分鐘，烤至以手指按壓有彈性，背面也烤
上色就OK了ⓢ。輕輕敲打烤模，以牙籤叉起脫模ⓣ，置於散熱架上放涼即完成ⓤ。
　→烤箱開關時要快速，否則會讓烤箱溫度降低。
　→依據烤箱不同，烤出來的成品也會有所差異，最好將烤盤內外反轉，這個動作也要迅速完成。

Note

○只有「基本款費南雪」的烘烤溫度和預熱同樣是220℃，其餘變化款費南雪皆為以220℃
預熱，以200℃烘烤。

○建議於出爐放涼後到隔天內食用完畢。保存時，在夾鍊袋中放入對折的烘焙紙，其中再
放入費南雪後封口，常溫保存。若要保存2天以上，可將完全放涼的費南雪各別放入OPP袋
內，抽掉空氣後封口冷凍，要吃時再常溫解凍，放入烤箱稍微烤一下就很美味。

○請使用新鮮蛋白，因為凝固力強，能在短時間內烤好。

○剩下的蛋黃可以來拿作美乃滋：蛋黃1個、沙拉油3大匙、檸檬汁2小匙、第戎芥末醬1小
匙、蜂蜜1小匙、蒜泥少許、鹽1/2小匙，放入耐熱調理盆內，微波加熱30秒，以打蛋器確
實攪拌，就能活用在沙拉等食物上。

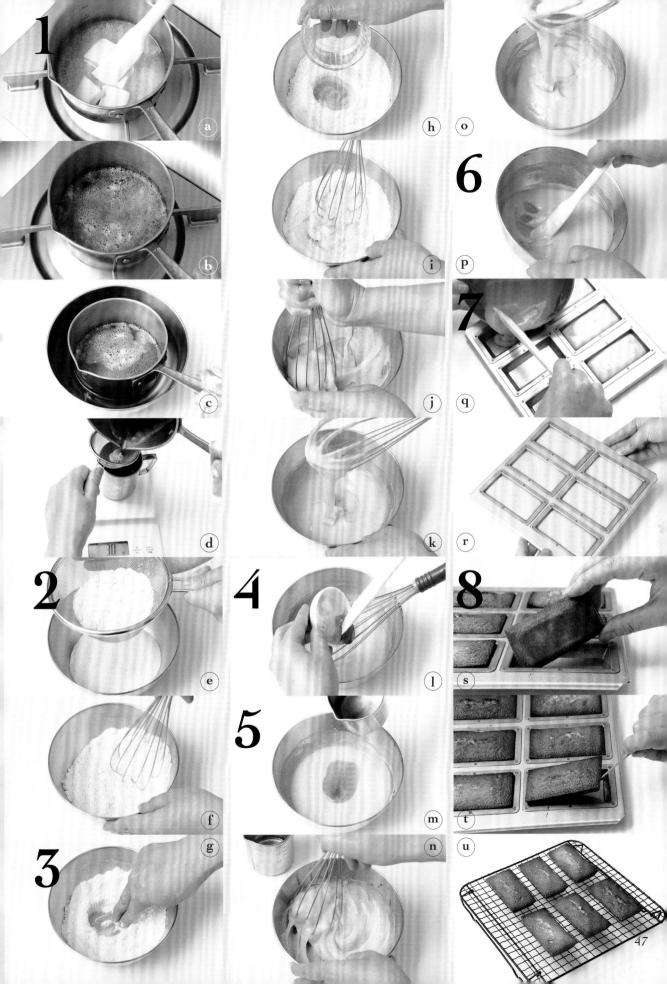

1 a b c d

2 e f

3 g

4 l

5 m n

6 h i j k o p

7 q r

8 s t u

47

各種口味費南雪

加入巧克力或紅茶葉，
改變費南雪蛋糕體的味道。
根據搭配，
有時會以融化奶油
取代焦化奶油製作。

巧克力費南雪

阿薩姆費南雪

巧克力費南雪 ～ *Financiers au chocolat*

材料（6個分）

發酵奶油（無鹽） 35g

細砂糖 45g

鹽巴 少許

A
> 低筋麵粉 12g
> 杏仁粉 25g
> 可可粉 8g
> 泡打粉 ⅙小匙

蛋白 40g（L尺寸1個分）

蜂蜜 5g

融化奶油 適量

準備工作

○將蛋白、蜂蜜回至常溫（約25℃）。

○在大調理盆內放入水備用。

○將**A**料放入塑膠袋，充分搖晃混合。

○烤模以刷子確實塗上融化奶油。

○將烤盤放入烤箱，預熱至220℃備用。

作法

1　製作焦化奶油：發酵奶油切成適當大小，放入鍋內以小火加熱，以橡膠刮刀緩緩攪拌。待奶油融化，泡沫變小，沉澱物開始呈現茶色時關火，鍋底浸入大調理盆的水中降溫。以茶篩慢慢過濾25g的分量，靜置放涼至約50℃。

2　在調理盆內放入細砂糖和鹽，將**A**料過篩加入，以打蛋器攪拌混合。

3　以手指在粉類中心挖出一個洞，緩緩將蛋白倒入，以打蛋器從調理盆中心開始攪拌約90次，慢慢攪拌至沒有粉感。

4　加入蜂蜜，整體拌勻。

5　步驟**1**的焦化奶油分成3次加入，每次加入攪拌30至40次（第3次約攪拌60次），緩緩攪拌至整體充分混合。

6　以橡膠刮刀大致拌勻。

7　以橡膠刮刀將步驟**6**的麵糊刮入烤模至九分滿，輕輕敲打烤模讓麵糊平整。

8　在預熱好的烤箱烤盤上放上烤模，以200℃烘烤約11分鐘，烤至以手指按壓有彈性就OK了。輕輕敲打烤模，以牙籤叉起脫模，置於散熱架上放涼即完成。

> *Note*　○焦化奶油的溫度不要過高，維持在50℃左右，不破壞可可香氣是重點。
> ○杏仁粉建議使用帶皮研磨的種類，風味較為強烈，但也可使用普通的杏仁粉。
> ○如果有可可仁，撒在麵糊表面後烘烤會更好吃。

阿薩姆費南雪 ～ *Financiers au thé noir d'Assam*

材料（6個分）

發酵奶油（無鹽） 30g

A
> 低筋麵粉 15g
> 杏仁粉 20g
> 糖粉 45g
> 鹽巴 少許

蛋白 40g（L尺寸1個分）

蜂蜜 10g

紅茶葉（阿薩姆／茶包）ⓐ 3g

融化奶油 適量

> *Note*　○為了帶出阿薩姆的香味，奶油不作焦化只須溶解。
> ○可以依喜好在**A**料中加入少許杏仁粉，與阿薩姆的風味十分搭配。

作法

○將蛋白、蜂蜜回至常溫（約25℃）。

○發酵奶油切成適當大小，放入調理盆內隔水加熱，以橡膠刮刀攪拌融化，加熱至約70℃。

○將**A**料放入塑膠袋，充分搖晃混合。

○烤模以刷子確實塗上融化奶油。

○將烤盤放入烤箱，預熱至220℃備用。

作法

1　將**A**料過篩加入調理盆。

2　同「巧克力費南雪」步驟**3**至**9**，但以融化的發酵奶油取代焦化奶油。步驟**6**則加入紅茶葉後混合。步驟**8**的烘烤時間為12分鐘左右。

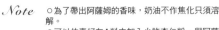

果實費南雪

享受果實和費南雪搭配的
風味及口感。
以費南雪的形狀，
能夠充分感受到
果物的口感！

無花果費南雪

莓果費南雪

蘋果費南雪

無花果費南雪

Financiers aux figues

材料（6個分）

發酵奶油（無鹽）　30g

細砂糖　50g

鹽巴　少許

A

　低筋麵粉　15g

　杏仁粉　20g

蛋白　40g（L尺寸1個分）

蜂蜜　5g

即溶咖啡　2小匙

半乾無花果(a)　1個（20g）

君度橙酒　2小匙

融化奶油　適量

(a)

準備工作

○蛋將蛋白、蜂蜜回至常溫（約25℃）。

○在大調理盆內放入水備用。

○將**A**料放入塑膠袋，充分搖晃混合。

○烤模以刷子確實塗上融化奶油。

○將烤盤放入烤箱，預熱至220℃備用。

作法

1　半乾無花果以熱水稍微洗過，瀝乾後大致切碎(b)。和君度橙酒一起放入耐熱容器，蓋上保鮮膜後微波加熱40秒，放涼備用(c)。

2　製作焦化奶油：發酵奶油切成適當大小，放入鍋內以小火加熱，以橡膠刮刀緩緩攪拌。待奶油融化，泡沫變小，沉澱物開始呈現茶色時關火，鍋底浸入大調理盆的水中降溫。以茶篩慢慢過濾20g的分量，靜置放涼至約70℃。

3　在調理盆內放入細砂糖和鹽，將**A**料過篩加入，以打蛋器攪拌混合。

4　以手指在粉類中心挖出一個洞，緩緩將蛋白倒入，以打蛋器從調理盆中心開始攪拌約90次，慢慢攪拌至沒有粉感。

5　加入蜂蜜，整體混合。

6　步驟**2**的焦化奶油分成3次加入，每次都攪拌30至40次（第3次約攪拌60次），緩緩攪拌至整體充分混合。

7　加入即溶咖啡，以橡膠刮刀大致拌勻。

8　以橡膠刮刀將步驟**7**的麵糊刮入烤模約八分滿，輕輕敲打烤模讓麵糊平整，放上半乾無花果(d)。

9　在預熱好的烤箱烤盤上放上烤模，以200℃烘烤約12分鐘，烤至以手指按壓有彈性，背面也烤上色就OK了。輕輕敲打烤模，以牙籤叉起脫模，置於散熱架上放涼即完成。

(b)　(c)　(d)

Note　○風味濃縮的半乾無花果，與味道濃郁的咖啡非常搭配。
　　　　○若沒有君度橙酒，可改以柑曼怡酒製作。

莓果費南雪 ～ *Financiers aux fruits rouges*

材料（6個分）

發酵奶油（無鹽）　30g

細砂糖　50g

鹽巴　少許

A

低筋麵粉　15g

杏仁粉　25g

蛋白　40g（L尺寸1個分）

蜂蜜　5g

綜合莓果（冷凍）**ⓐ**　40g

融化奶油　適量

糖粉　適量

準備工作

○將蛋白、蜂蜜回至常溫（約25℃）。

○在大調理盆內放入水備用。

○大塊的莓果以手剝成小塊，放在舖了紙巾的淺盤上，冷藏一個小時至半解凍狀態。

○將A料放入塑膠袋，充分搖晃混合。

○烤模以刷子確實塗上融化奶油。

○將烤盤放入烤箱，預熱至220℃備用。

作法

1　製作焦化奶油：發酵奶油切成適當大小，放入鍋內以小火加熱，以橡膠刮刀緩緩攪拌。待奶油融化，泡沫變小，沉澱物開始呈現茶色時關火，鍋底浸入大調理盆的水中降溫。以茶篩慢慢過濾20g的分量，靜置放涼至約70℃。

2　在調理盆內放入細砂糖和鹽，將A料過篩加入，以打蛋器攪拌混合。

3　以手指在粉類中心挖出一個洞，緩緩將蛋白倒入，以打蛋器從調理盆中心開始攪拌約90次，慢慢攪拌至沒有粉感。

4　加入蜂蜜，整體混合。

5　步驟1的焦化奶油分成3次加入，每次加入攪拌30至40次（第3次約攪拌60次），緩緩攪拌至整體充分混合。

6　以橡膠刮刀大致拌勻。

7　以橡膠刮刀將步驟6的麵糊刮入烤模約八分滿，輕輕敲打烤模讓麵糊平整，撒上綜合莓果。

8　在預熱好的烤箱烤盤上放上烤模，以200℃烘烤約10至12分鐘，烤至以手指按壓有彈性就OK了。輕輕敲打烤模，以牙籤叉起脫模，置於散熱架上放涼。最後以茶篩撒上糖粉即完成。

Note　○滿滿撒上草莓、藍莓和覆盆子等酸甜的莓果類。
　　　　○由於烤好後質地會很鬆軟，脫模時要小心。

蘋果費南雪 ～ *Financier aux pommes caramélisées*

材料（6個分）

發酵奶油（無鹽）　30g

細砂糖　50g

鹽巴　少許

A

低筋麵粉　15g

杏仁粉　20g

蛋白　40g（L尺寸1個分）

蜂蜜　5g

杏仁片　10g

蘋果焦糖

蘋果　50g

奶油（無鹽）　5g

細砂糖　10g

檸檬汁　¼小匙

肉桂粉　少許

融化奶油　適量

準備工作

○同p.52「無花果費南雪」。

作法

1　製作蘋果焦糖：將蘋果切成5mm丁狀，平底鍋放入奶油和細砂糖，以中火加熱，待砂糖溶解後加入蘋果、檸檬汁、肉桂粉拌炒。炒至蘋果變軟，砂糖呈深茶色後關火**ⓐ**，留於鍋內放涼。

2　同p.52「無花果費南雪」步驟2至9，但步驟7不加入即溶咖啡，步驟8的半乾無花果以步驟1的蘋果焦糖取代，並撒上杏仁片再烘烤。

ⓐ

Note

○加入了飄著肉桂香的焦糖蘋果，正適合溫熱的紅茶，是秋冬季節會想作的一道甜點。

○蘋果推薦使用帶酸味的紅玉蘋果。

堅果費南雪

杏仁香味是
費南雪的特色,
與開心果及核桃
也非常合拍。

開心果費南雪

堅果楓糖費南雪

54

開心果費南雪 ～ *Financiers à la pistache*

材料（6個分）

發酵奶油（無鹽）　30g

A

　低筋麵粉　15g
　開心果　35g
　糖粉　40g
　鹽巴　少許

蛋白　40g（L尺寸1個分）

蜂蜜　15g

櫻桃白蘭地　½小匙

開心果細末ⓐ　2g

融化奶油　適量

ⓐ

準 備 工 作

○蛋將蛋白、蜂蜜回至常溫（約25℃）。

○發酵奶油切成適當大小，放入調理盆內隔水加熱，以橡膠刮刀攪拌，加熱至約70℃。

○A料中的開心果以食物調理機絞成粉末。將A料全部放入塑膠袋，充分搖晃混合。

○烤模以刷子確實塗上融化奶油。

○將烤盤放入烤箱，預熱至220℃備用。

作 法

1　將A料過篩放入調理盆。

2　手指在粉類中心挖出一個洞，緩緩將蛋白倒入，以打蛋器從調理盆中心開始攪拌約90次，慢慢攪拌至沒有粉感。

3　加入蜂蜜，整體混合。

4　將融化奶油分成3次加入，每次加入時攪拌30至40次（第3次約攪拌60次），緩緩攪拌至整體充分混合。

5　加入櫻桃白蘭地，以橡膠刮刀大致拌勻。

6　以橡膠刮刀將步驟5的麵糊刮入烤模約九分滿，輕輕敲打烤模讓麵糊平整，撒上開心果細末。

7　在預熱好的烤箱烤盤上放上烤模，以200℃烘烤約12分鐘，烤至以手指按壓有彈性就OK了。輕輕敲打烤模，以牙籤叉起脫模，置於散熱架上放涼即完成。

Note　○撒上大量開心果，帶出濃厚風味和香氣的費南雪。使用融化奶油而不是焦化奶油。
○由於烤好後質地會很鬆軟，脫模時要小心。
○使用糖粉而非細砂糖時，和低筋麵粉一起過篩可以加快製作。

堅果楓糖費南雪 ～ *Financiers aux noix de pécan et sirop d'érable*

材料（6個分）

發酵奶油（無鹽）　30g

細砂糖　30g

鹽巴　少許

A

　低筋麵粉　18g
　杏仁粉　20g

蛋白　40g（L尺寸1個分）

楓糖　30g

核桃（烘烤・無鹽）　15g

融化奶油　適量

準 備 工 作

○將蛋白回至常溫（約25℃）。

○在大調理盆內放入水備用。

○核桃大致切碎。

○烤模以刷子確實塗上融化奶油。

○將烤盤放入烤箱，預熱至220℃備用。

作 法

1　製作焦化奶油：發酵奶油切成適當大小，放入鍋內以小火加熱，以橡膠刮刀緩緩攪拌。待奶油融化，泡沫變小，沉澱物開始呈現茶色時關火，鍋底浸入大調理盆的水中降溫。以茶篩慢慢過濾20g的分量，靜置放涼至約70℃。

2　在調理盆內放入細砂糖和鹽，將A料過篩加入，以打蛋器攪拌混合。

3　同「開心果費南雪」步驟2至7，但是步驟3的蜂蜜以楓糖代替，步驟4的融化奶油以步驟1的焦化奶油代替，步驟6的開心果以核桃代替。省略步驟5的櫻桃白蘭地，步驟7的烘烤時間改為12分鐘。

Note　○不使用蜂蜜，改以楓糖帶出核桃的風味。

水果
費南雪甜點

費南雪甜點指的
是如蛋糕般裝飾的豪華費南雪。
搭配不同的食材,
享受各種味道和
色彩的樂趣。

草莓＆糖漬莓果費南雪

Financiers aux fruits rouges marinés

材料（6個分）

發酵奶油（無鹽）　30g
細砂糖　50g
鹽巴　少許

A

低筋麵粉　15g
杏仁粉　25g

蛋白　40g（L尺寸1個分）
蜂蜜　5g
綜合莓果（冷凍）　40g
融化奶油　適量

打發鮮奶油

鮮奶油（乳脂肪47%）　100mℓ
細砂糖　5g
櫻桃白蘭地　½小匙

糖漬莓果

綜合莓果（冷凍）　30g
細砂糖　10g
檸檬汁　½小匙

草莓　3個
薄荷葉　適量

準備工作

○將蛋白、蜂蜜回至常溫（約25℃）。
○在大調理盆內放入水備用。
○大塊的莓果以手剝成小塊，放在舖了紙巾的淺盤上，冷藏一個小時至半解凍狀態（糖漬用的莓果不須處理）。
○製作糖漬莓果：將材料全部放入耐熱容器後稍微混合，蓋上保鮮膜微波一分鐘，放涼備用ⓐ。
○將A料放入塑膠袋，充分搖晃混合。
○烤模以刷子確實塗上融化奶油。
○將烤盤放入烤箱，預熱至220℃備用。

作法

1　製作焦化奶油：發酵奶油切成適當大小，放入鍋內以小火加熱，以橡膠刮刀緩緩攪拌。待奶油融化，泡沫變小，沉澱物開始呈現茶色時關火，鍋底浸入大調理盆的水中降溫。以茶篩慢慢過濾20g的分量，靜置放涼至約70℃。

2　在調理盆內放入細砂糖和鹽，將A料過篩加入，以打蛋器攪拌混合。

3　以手指在粉類中心挖出一個洞，緩緩將蛋白倒入，以打蛋器從調理盆中心開始攪拌約90次，慢慢攪拌至沒有粉感。

4　加入蜂蜜，整體混合。

5　步驟1的焦化奶油分成3次加入，每次加入攪拌30至40次（第3次約攪拌60次），緩緩攪拌至整體充分混合。

6　以橡膠刮刀大致拌勻。

7　以橡膠刮刀將步驟6的麵糊刮入烤模約八分滿，輕輕敲打烤模讓麵糊平整，撒上半解凍的綜合莓果。

8　在預熱好的烤箱烤盤上放上烤模，以200℃烘烤約10至12鐘，烤至以手指按壓有彈性，背面也烤上色就OK了。輕輕敲打烤模，以牙籤叉起脫模，置於散熱架上放涼。

9　製作打發鮮奶油：調理盆放入鮮奶油和細砂糖，底部浸入冰水，以電動攪拌器快速打發。打至稠狀後就改為慢速，打至乳霜狀，加入櫻桃白蘭地，再打發至稍微可立起尖角的狀態ⓑ。

10　以刷子在步驟8的費南雪表面薄薄地塗上一層糖漬梅果的糖水ⓒ。

11　在裝上星形花嘴的擠花袋中填入鮮奶油，一邊轉動花嘴擠出直線ⓓ。放上瀝去糖水的糖漬莓果，以及縱向切成四等分的草莓ⓔⓕ，最後裝飾上薄荷葉即完成。

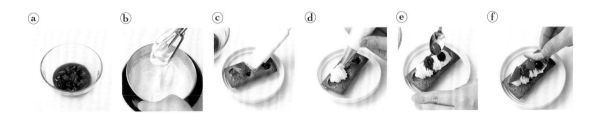

ⓐ　ⓑ　ⓒ　ⓓ　ⓔ　ⓕ

Note　○白色鮮奶油上裝飾著鮮艷的莓果，是道外表與味道都很華麗的甜點。
○鮮奶油也可以湯匙等工具放到費南雪上，再以莓果裝飾。裝飾可依個人喜好。

芒果奶油起司費南雪

Financiers à la mangue et fromage à la crème

材 料（6個分）

發酵奶油（無鹽）　30g
細砂糖　50g
鹽巴　少許
A
　低筋麵粉　15g
　杏仁粉　20g
蛋白　40g（L尺寸1個分）
蜂蜜　5g
融化奶油　適量
奶油起司（塊狀）　3個（約55g）
糖漬芒果
　芒果（冷凍）　120g
　薄荷葉　少許
　檸檬汁　¼小匙
薄荷葉　適量

準 備 工 作

○將蛋白、蜂蜜、奶油起司回至常溫（約25℃）。
○製作糖漬芒果：冷凍芒果切成容易入口的大小，混合檸檬汁和切成粗末的薄荷葉，靜置至半解凍狀態。
○將A料放入塑膠袋，充分搖晃混合。
○烤模以刷子確實塗上融化奶油。
○將烤盤放入烤箱，預熱至220℃備用。

作 法

1　同p.46至p.47「基本款費南雪」步驟**1**至**8**，但是步驟**1**的焦化奶油只取20g。步驟**7**的麵糊刮入烤模約八分滿，步驟**8**將烤箱降溫至200℃後烘烤9分鐘。

2　在烤好的費南雪表面，分別以湯匙塗上1/2塊奶油起司，線狀淋上適量蜂蜜（分量外），放上糖漬芒果，最後以薄荷葉裝飾即完成。

Note　○使用半解凍的芒果，吃起來有著冰淇淋蛋糕般的涼爽感覺。

無花果栗子奶油費南雪

Financiers à la figue et crème de marrons

材料（6個分）

發酵奶油（無鹽）　30g
細砂糖　50g
鹽巴　少許
A
　低筋麵粉　15g
　杏仁粉　20g
蛋白　40g（L尺寸1個分）
蜂蜜　5g
融化奶油　適量
栗子澀皮煮　45g
栗子奶油
　栗子泥　50g
　馬斯卡彭起司　30g
　蘭姆酒　½小匙
黑醋栗柳橙泥（或黑醋栗柳橙果醬）　少許
乾無花果　1個
（如果有）山核桃（烘烤‧無鹽）　少許

準備工作

○將蛋白、蜂蜜回至常溫（約25℃）。
○栗子澀皮煮大致切碎。
○在大調理盆內放入水備用。

○將A料放入塑膠袋，充分搖晃混合。
○烤模以刷子確實塗上融化奶油。
○將烤盤放入烤箱，預熱至220℃備用。

作法

1　同p.46至p.47「基本款費南雪」步驟1至8，但步驟1的焦化奶油只取20g，步驟7的麵糊刮入烤模約八分滿。烘烤前撒上切碎的栗子澀皮煮，步驟8烤箱降溫至200℃烘烤12分鐘。

2　製作栗子奶油：栗子泥放入調理盆，以橡膠刮刀攪拌鬆軟，依序加入馬斯卡彭起司及蘭姆酒，每次加入都以打蛋器攪拌混合。

3　以刷子在步驟1的費南雪表面，薄薄地塗上一層黑醋栗柳橙泥。

4　在裝上星形花嘴的擠花袋中填入步2的栗子奶油，一邊轉動花嘴在費南雪上擠出直線。撒上切成薄片的乾無花果，若有山核桃可切細後撒上即完成。

> *Note*　○如同蒙布朗蛋糕般的費南雪甜點。
> 　　　　○鮮奶油的擠法同p.56「草莓糖漬莓果費南雪」。

59

草莓開心果費南雪

Financiers aux fraises et pistaches

材 料（6個分）

發酵奶油（無鹽）　30g

A

　低筋麵粉　15g

　開心果　35g

　糖粉　40g

　鹽巴　少許

蛋白　40g（L尺寸1個分）

蜂蜜　15g

櫻桃白蘭地　適量

融化奶油　適量

開心果細末（烘烤）　適量

草莓（小）　12個

杏桃果醬　適量

準 備 工 作

○將蛋白、蜂蜜回至常溫（約25℃）。

○發酵奶油切成適當大小，放入調理盆內隔水加熱，以橡膠刮刀攪拌，加熱至約70℃。

○A料中的開心果以食物調理機絞成粉末。將A料全部放入塑膠袋，充分搖晃混合。

○烤模以刷子確實塗上融化奶油。

○將烤盤放入烤箱，預熱至220℃備用。

作 法

1　將A料過篩加入調理盆。

2　手指在粉類中心挖出一個洞，緩緩將蛋白倒入，以打蛋器從調理盆中心開始攪拌約90次，慢慢攪拌至沒有粉感。

3　加入蜂蜜，整體混合。

4　將發酵奶油分成3次加入，每次加入攪拌30至40次（第3次約攪拌60次），緩緩攪拌至整體充分混合。

5　加入櫻桃白蘭地1/2小匙，以橡膠刮刀大致拌勻。

6　以橡膠刮刀將步驟5的麵糊刮入烤模約八分滿，輕輕敲打烤模讓麵糊平整，撒上開心果細末。

7　在預熱好的烤箱烤盤上放上烤模，以200℃烘烤約9分鐘，烤至以手指按壓有彈性，背面也烤上色就OK了。輕輕敲打烤模，以牙籤叉起脫模，置於散熱架上放涼。

8　以刷子在步驟7費南雪表面薄薄塗上適量櫻桃白蘭地ⓐ。

9　在耐熱容器中放入杏桃果醬，蓋上保鮮膜，微波40秒稍微溫熱，以刷子在步驟8的費南雪表面薄薄地塗上一層。

10　縱向對切的草莓沾上杏桃果醬ⓑ，放在步驟9的費南雪上方。以茶篩撒上適量糖粉（分量外），再加上適量（分量外）開心果（烘烤）即完成。

ⓐ　　　ⓑ

Note　○烘烤後香氣四溢的開心果費南雪，最適合配上新鮮草莓。

巧克力
費南雪甜點

請享受濃厚的
巧克力奶油，
以及堅果與香草等
各種食材搭配的樂趣。

杏仁巧克力鮮奶油費南雪

Financiers à l'amande et crème au chocolat au lait

材料（6個分）

發酵奶油（無鹽）　35g

細砂糖　45g

鹽巴　少許

A

　低筋麵粉　12g

　杏仁粉　25g

　可可粉　8g

　泡打粉　⅙小匙

蛋白　40g（L尺寸1個分）

蜂蜜　5g

杏仁塊（烘烤）　15g

融化奶油　適量

巧克力鮮奶油

　鮮奶油（乳脂肪35%）　60mℓ

　調溫巧克力（牛奶）　40g

　蜂蜜　10g

　檸檬汁　1小匙

　君度橙酒　½小匙

君度橙酒　適量

檸檬皮　適量

準備工作

○將蛋白、蜂蜜回至常溫（約25℃）。

○在大調理盆內放入水備用。

○將A料放入塑膠袋，充分搖晃混合。

○烤模以刷子確實塗上融化奶油。

○將烤盤放入烤箱，預熱至220℃備用。

Note　○充滿杏仁和牛奶巧克力的濃厚味道。完成時撒上的檸檬皮帶出清爽風味。

作法

1　製作焦化奶油：發酵奶油切成適當大小，放入鍋內以小火加熱，以橡膠刮刀緩緩攪拌。待奶油融化，泡沫變小，沉澱物開始呈現茶色時關火，鍋底浸入大調理盆的水中降溫。以茶篩低速篩25g的量，放置冷卻至50℃左右。

2　在調理盆內放入細砂糖和鹽，將A料過篩加入，以打蛋器攪拌混合。

3　以手指在粉類中心挖出一個洞，緩緩將蛋白倒入，以打蛋器從調理盆中心開始攪拌約90次，慢慢攪拌至沒有粉感。

4　加入蜂蜜，整體混合。

5　步驟1的焦化奶油分成3次加入，每次加入攪拌30至40次（第3次約攪拌60次），緩緩攪拌至整體充分混合。

6　以橡膠刮刀大致拌勻。

7　以橡膠刮刀將步驟6的麵糊倒入烤模約八分滿，輕輕敲打烤模讓麵糊平整，撒上杏仁塊。

8　在預熱好的烤箱烤盤上放上烤模，以200℃烘烤約11分鐘，烤至以手指按壓有彈性，背面也烤上色就OK了。輕輕敲打烤模，以牙籤叉起脫模，置於散熱架上放涼。

9　製作巧克力鮮奶油：在鍋中放入鮮奶油，以小火加熱，煮至即將沸騰時從火上移開

10　調理盆中放入調溫巧克力、蜂蜜和步驟9的鮮奶油ⓐ，以打蛋器攪拌均勻ⓑ。接著加入檸檬汁和君度橙酒，靜置冷卻。

11　調理盆底部浸入冰水，以電動攪拌器快速打發。呈稠狀後改以慢速，打至乳霜狀。加入櫻桃白蘭地，再打發至稍微可立起尖角的狀態ⓒ，完成巧克力鮮奶油。

12　以刷子在步驟8的費南雪表面薄薄地塗上君度橙酒。

13　在裝上聖多諾黑花嘴（V形花嘴）的擠花袋中，填入步驟11的巧克力鮮奶油，在步驟12的費南雪表面將V形切口朝上，一邊波浪形移動一邊擠花ⓓ。接著撒上杏仁塊（烘烤）適量（分量外）ⓔ，將檸檬皮磨碎後撒上ⓕ即完成。

ⓐ　ⓑ　ⓒ　ⓓ　ⓔ　ⓕ

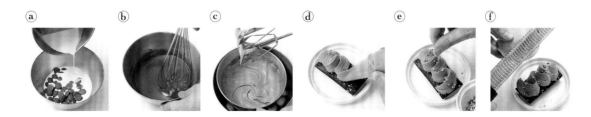

洋梨香草冰淇淋費南雪

Financiers avec glace vanille et poires

材料（6個分）

發酵奶油（無鹽） 35g

細砂糖 45g

鹽巴 少許

A

  低筋麵粉 12g

  杏仁粉 25g

  可可粉 8g

  泡打粉 ⅛小匙

蛋白 40g（L尺寸1個分）

蜂蜜 5g

杏仁片 10g

融化奶油 適量

洋梨（罐裝） 對半切3個

香草冰淇淋 適量

巧克力醬（市售） 適量

紅茶葉（大吉嶺） 少許

準備工作

○將蛋白、蜂蜜回至常溫（約25℃）。

○在大調理盆內放入水備用。

○洋梨切成四等分半月形ⓐ。

○紅茶葉以保鮮膜包住，以擀麵棍磨成粉狀。

○將A料放入塑膠袋，充分搖晃混合。

○烤模以刷子確實塗上融化奶油。

○將烤盤放入烤箱，預熱至220℃備用。

作法

1　同p.49「巧克力費南雪」步驟1至6。

2　以橡膠刮刀將步驟1的麵糊刮入烤模約八分滿，輕輕敲打烤模讓麵糊平整，撒上杏仁片ⓑ。

3　在預熱好的烤箱烤盤上放上烤模，以200℃烤約11分鐘，烤至以手指按壓有彈性就OK了。輕輕敲打烤模，以牙籤叉起脫模，置於散熱架上放涼。

4　在步驟3的費南雪上放上2片洋梨以及香草冰淇淋，淋上巧克力醬，最後撒上紅茶葉即完成。

ⓐ 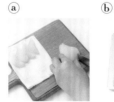　ⓑ

Note　○代表性的一道費南雪甜點。在稍帶有苦味的巧克力費南雪上，放上甜甜的洋梨和冰淇淋，能夠享受到各種味道和口感。
○以香蕉代替洋梨製作也非常好吃。

巧克力薄荷費南雪

Financiers chocolat à la menthe

材料（6個分）

發酵奶油（無鹽）　35g
細砂糖　45g
鹽巴　少許
A
　低筋麵粉　12g
　杏仁粉　25g
　可可粉　8g
　泡打粉　⅛小匙
蛋白　40g（L尺寸1個分）
蜂蜜　5g
融化奶油　適量
甘納許
　調溫巧克力（甜味）　40g
　鮮奶油（乳脂肪35%）　60mℓ
　薄荷葉　5g
　奶油（無鹽）　10g
薄荷葉　適量

準備工作

○將蛋白、蜂蜜回至常溫（約25℃）。
○在大調理盆內放入水備用。
○將A料放入塑膠袋，充分搖晃混合。
○烤模以刷子確實塗上融化奶油。
○將烤盤放入烤箱，預熱至220℃備用。

作法

1　同p.49「巧克力費南雪」步驟1至6。

2　以橡膠刮刀將步驟1的麵糊刮入烤模約八分滿，輕輕敲打烤模讓麵糊平整。

3　在預熱好的烤箱烤盤上放上烤模，以200℃烤約11分鐘，烤至以手指按壓有彈性就OK了。輕輕敲打烤模，以牙籤叉起脫模，置於散熱架上放涼。

4　製作甘納許：在鍋中放入鮮奶油，以小火加熱，煮至即將沸騰關火，加入薄荷葉混合，蓋上保鮮膜靜置20分鐘。

5　再次以小火加熱，沸騰前再次關火移開。

6　調理盆中放入調溫巧克力，將步驟5的鮮奶油過篩加入，打蛋器攪拌至黏稠。接著加入奶油確實攪拌，靜置放涼。

7　調理盆底浸入冰水冷卻，以橡膠刮刀低速攪拌至乳霜狀，完成甘納許。

8　擠花袋填入步驟7的甘納許，前端剪掉約1mm，在步驟3的費南雪表面擠上斜線。擠花袋的前端再剪掉5mm，於角落擠上圓形，放上薄荷葉即完成。

> *Note*　○大受歡迎的薄荷與巧克力的搭配，能夠享受薄荷的香氣和清爽的餘味。
> ○在步驟6過篩加入鮮奶油時，以湯匙按壓篩子上的薄荷葉，加強薄荷風味。

糖漬柑橘白巧克力鮮奶油費南雪

Financiers à l'orange marinés et crème au chocolat blanc

材料（6個分）

發酵奶油（無鹽） 30g
細砂糖 50g
鹽巴 少許
A
低筋麵粉 15g
杏仁粉 20g
蛋白 40g（L尺寸1個分）
蜂蜜ⓐ 5g
融化奶油 適量

ⓐ

白巧克力鮮奶油
鮮奶油（乳脂肪47%） 100mℓ
調溫巧克力（白） 45g

糖漬柑橘
橘子 1個
蜂蜜 10g
檸檬汁 ½小匙
迷迭香 1至2枝
藍莓 18粒
糖粉 適量

準備工作

○將蛋白、蜂蜜回至常溫（約25℃）。
○製作糖漬柑橘：橘子剝皮取出果肉，與蜂蜜、檸檬汁和迷迭香一起放入調理盆，冷藏一晚ⓑ。使用前回至常溫，瀝去水分切成2至3等分。
○在大調理盆內放入水備用。
○將**A**料放入塑膠袋，充分搖晃混合。
○烤模以刷子確實塗上融化奶油。
○將烤盤放入烤箱，預熱至220℃備用。

作法

1 製作焦化奶油：發酵奶油切成適當大小，放入鍋內以小火加熱，以橡膠刮刀緩緩攪拌。待奶油融化，泡沫變小，沉澱物開始呈現茶色時關火，鍋底浸入大調理盆的水中降溫。以茶篩慢慢過濾20g的分量，靜置放涼至約70℃。

2 在調理盆內放入細砂糖和鹽，將**A**料過篩加入，以打蛋器攪拌混合。

3 以手指在粉類中心挖出一個洞，緩緩將蛋白倒入，以打蛋器從調理盆中心開始攪拌約90次，慢慢攪拌至沒有粉感。

4 加入蜂蜜，整體混合。

5 焦化奶油分成3次加入，每次加入攪拌30至40次（第3次約攪拌60次），緩緩攪拌至整體充分混合。

6 以橡膠刮刀大致拌勻。

7 用橡膠刮刀將步驟**6**的麵糊倒入烤模約八分滿，輕輕敲打烤模讓麵糊平整。

8 在預熱好的烤箱烤盤上放上烤模，以200℃烘烤約9分鐘，烤至以手指按壓有彈性，背面也烤上色就OK了。輕輕敲打烤模，以牙籤叉起脫模，置於散熱架上放涼。

9 製作白巧克力鮮奶油：在鍋內放入鮮奶油，以小火加熱，煮至沸騰前關火移開。

10 調理盆內放入調溫巧克力，加入步驟**9**的鮮奶油，以打蛋器攪拌均勻，靜置放涼。

11 調理盆底浸入冰水，以電動攪拌器快速打發。呈現稠狀後改以慢速，打發至稍微可立起尖角的狀態，完成白巧克力鮮奶油。

12 在裝上星形花嘴的擠花袋中，填入步驟**11**的白巧克力鮮奶油，在步驟**8**的費南雪表面擠成波浪狀，放上糖漬柑橘，以及灑上糖粉的藍莓即完成。

ⓑ

Note ○蜂蜜選用如Lune de Miel出品的Orange Blossom這類橘子花蜜較適合。
○加入迷迭香，使多汁的糖漬柑橘隱藏著另一層次的味道。

生薑焦糖費南雪

Financiers à la caramel au gingembre

材料（6個分）

發酵奶油（無鹽）　30g
細砂糖　50g
鹽巴　少許
A
　低筋麵粉　15g
　杏仁粉　20g
蛋白　40g（L尺寸1個分）
蜂蜜　5g
糖漬橙皮　4條
杏仁片　10g
融化奶油　適量
君度橙酒　適量
馬斯卡彭起司奶油
　馬斯卡彭起司　50g
　鮮奶油（乳脂含量35%）　15mℓ
　細砂糖　5g
生薑焦糖
　細砂糖　100g
　鮮奶油（乳脂含量35%）　60mℓ
　生薑（帶皮）　10g
　奶油（無鹽）　5g

準備工作

○將蛋白、蜂蜜回至常溫（約25℃）。
○糖漬橙皮切細絲。
○在大調理盆內放入水備用。
○將A料放入塑膠袋，充分搖晃混合。
○烤模以刷子確實塗上融化奶油。
○將烤盤放入烤箱，預熱至220℃備用。

作法

1　同p.46至p.47「基本款費南雪」步驟1至8，但步驟1的焦化奶油只取20g，步驟7的麵糊刮入烤模約八分滿，烘烤前撒上糖漬橙皮和杏仁片，步驟8烤箱降溫至200℃後烘烤9分鐘。

2　製作馬斯卡彭起司奶油：將馬斯卡彭起司放入調理盆內，以打蛋器攪散，加入鮮奶油和細砂糖確實混合。

3　製作生薑焦糖：生薑以擀麵棍輕輕敲打，與鮮奶油放入鍋中，小火加熱。煮至沸騰前關火移開，蓋上保鮮膜靜置20分鐘。

4　平底鍋放入細砂糖，大火加熱，以橡膠刮刀攪拌，待呈現深茶色後關火移開，平底鍋底浸入大調理盆內的水中。

5　將步驟3的焦糖以小火重新加熱至皮膚的溫度，分3至4次過篩加入步驟4的平底鍋內，每次加入都以打蛋器攪拌混合。

6　加入奶油，充分攪拌均勻。接著將平底鍋底浸入冰水，以橡膠刮刀攪拌至濃稠，完成生薑焦糖。

7　以刷子在步驟1的費南雪表面薄薄地塗上君度橙酒。

8　將步驟2的馬斯卡彭起司奶油以湯匙放上費南雪，步驟6的生薑焦糖以湯匙畫圈澆上，適量地放上切成小塊的糖漬橙皮（分量外）即完成。

Note　○馬斯卡彭起司奶油以兩根湯匙挖取整理形狀，讓擺盤更加精緻。
○剩下的生薑焦糖可冷藏保存，使用前微波加熱即可。加在熱牛奶中或是淋在鬆餅上，都相當美味。

乾煎香蕉 &
香料巧克力鮮奶油費南雪

Financiers à la crème au chocolat épicée et bananes sautées

材料（6個分）

發酵奶油（無鹽）　30g
細砂糖　50g
鹽巴　少許

A
| 低筋麵粉　15g
| 杏仁粉　20g
蛋白　40g（L尺寸1個分）
蜂蜜　5g
融化奶油　適量

乾煎香蕉
| 香蕉　2又½根
| 奶油（無鹽）　2小匙
| 細砂糖　少許
| 生薑泥　少許

香料巧克力鮮奶油
| 鮮奶油（乳脂含量35%）　80mℓ
| 調溫巧克力（牛奶）　40g
| 蜂蜜　5g
| 肉荳蔻粉　2至3次
| 丁香粉　2至3次
焦糖餅乾（市售）　適量
粗粒黑胡椒　適量
薄荷葉　適量

準備工作

○將蛋白、蜂蜜回至常溫（約25℃）。
○將乾煎香蕉用的整條香蕉對半橫切，接著所有香蕉對半縱切。
○在大調理盆內放入水備用。
○將**A**料放入塑膠袋，充分搖晃混合。

○烤模以刷子確實塗上融化奶油。
○將烤盤放入烤箱，預熱至220℃備用。

作法

1　同p.46至p.47「基本款費南雪」步驟**1**至**8**，但步驟**1**的焦化奶油只取20g，步驟**7**的麵糊刮入烤模約八分滿，步驟**8**烤箱降溫至200℃後烘烤9分鐘。

2　製作乾煎香蕉：平底鍋放入奶油、細砂糖和生薑泥，以中火加熱，奶油融化後放入香蕉，兩面煎至焦黃後關火冷卻。

3　製作香料巧克力鮮奶油：在鍋中放入鮮奶油，以小火加熱，煮至沸騰前關火移開。

4　調理盆中放入調溫巧克力、蜂蜜、步驟**3**的鮮奶油，以打蛋器攪拌均勻。接著加入肉荳蔻粉和丁香粉大致攪拌，靜置冷卻。

5　調理盆底浸入冰水，以電動攪拌器快速打發。打至稠狀後，改以慢速打發至稍微可立起尖角的狀態，完成香料巧克力鮮奶油。

6　在裝上圓形花嘴的擠花袋中，填入步驟**5**的香料巧克力鮮奶油，在步驟**1**的費南雪表面擠成波浪狀，放上步驟**2**的乾煎香蕉，以及捏碎的焦糖餅乾和黑胡椒，最後以薄荷葉裝飾即完成。

Note　○香蕉與巧克力的經典組合，加上香料統合味道，變成更加適合大人的甜點。

大人風
費南雪甜點

帶有酒味，
並加上豐富配料的
費南雪。

提拉米蘇風費南雪

Financiers façon tiramisu

材料（6個分）

發酵奶油（無鹽） 30g

細砂糖 50g

鹽巴 少許

A

低筋麵粉 15g

杏仁粉 20g

蛋白 40g（L尺寸1個分）

蜂蜜 5g

核桃（烘烤·無鹽） 20g

融化奶油 適量

咖啡糖漿

即溶咖啡 1小匙

湯 1小匙

細砂糖 5g

威士忌 1小匙

馬斯卡彭起司餡

馬斯卡彭起司 60g

細砂糖 5g

板狀巧克力（苦味） 18小塊

可可粉 適量

準備工作

○蛋將蛋白、蜂蜜回至常溫（約25℃）。

○核桃大致切碎。

○混合咖啡糖漿的材料。

○在大調理盆內放入水備用。

○將**A**料放入塑膠袋，充分搖晃混合。

○烤模以刷子確實塗上融化奶油。

○將烤盤放入烤箱，預熱至220℃備用。

作法

1 製作焦化奶油：發酵奶油切成適當大小，放入鍋內以小火加熱，以橡膠刮刀緩緩攪拌。待奶油融化，泡沫變小，沉澱物開始呈現茶色時關火，鍋底浸入大調理盆的水中降溫。以茶篩慢慢過濾20g的分量，靜置冷卻至約70℃。

2 在調理盆內放入細砂糖和鹽，將**A**料過篩加入，以打蛋器攪拌混合。

3 以手指在粉類中心挖出一個洞，緩緩將蛋白倒入，以打蛋器從調理盆中心開始攪拌約90次，慢慢攪拌至沒有粉感。

4 加入蜂蜜，整體混合。

5 焦化奶油分成3次加入，每次加入攪拌30至40次（第3次約攪拌60次），緩緩攪拌至整體充分混合。

6 以橡膠刮刀大致拌勻。

7 以橡膠刮刀將步驟6的麵糊刮入烤模約八分滿，輕輕敲打烤模讓麵糊平整，放上核桃。

8 在預熱好的烤箱烤盤上放上烤模，以200℃烘烤約12分鐘，烤至以手指按壓有彈性，背面也烤上色就OK了。輕輕敲打烤模，以牙籤叉起脫模，置於散熱架上放涼。

9 製作馬斯卡彭起司餡：將馬斯卡彭起司放入調理盆，以打蛋器攪散，加上細砂糖混合。

10 以刷子在步驟8的費南雪表面塗上咖啡糖漿ⓐ，以湯匙塗滿步驟9的馬斯卡彭起司餡ⓑ，分別放上三塊巧克力ⓒ，以茶篩撒上可可粉即完成。

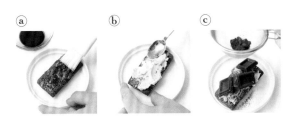

ⓐ　ⓑ　ⓒ

> *Note* ○將提拉米蘇變成能以手指拿取享用的小點心，一道充滿新鮮感的甜點。
> ○咖啡糖漿中的威士忌依個人喜好，不加也OK。

抹茶＆酒漬酸櫻桃費南雪

Financiers au thé vert matcha et griottes

材料（6個分）

發酵奶油（無鹽） 30g
細砂糖 50g
鹽巴 少許
A
| 低筋麵粉 15g
| 杏仁粉 20g
蛋白 40g（L尺寸1個分）
蜂蜜 5g
酒漬酸櫻桃
| 酸櫻桃（罐裝） 6個
| 櫻桃白蘭地 1小匙
融化奶油 適量
抹茶白巧克力鮮奶油
| 抹茶粉 2g
| 鮮奶油（乳脂含量47%） 100mℓ
| 調溫巧克力（白） 45g
櫻桃白蘭地 適量
糖粉 適量
杏仁片（烘烤） 適量

準備工作

○製作酒漬櫻桃：酸櫻桃對半切開，與櫻桃白蘭地一起放入容器混合ⓑ，蓋上保鮮膜冷藏一晚。使用前回至常溫，瀝去汁液。
○將蛋白、蜂蜜回至常溫（約25℃）。
○在大調理盆內放入水備用。
○將**A**料放入塑膠袋，充分搖晃混合。
○烤模以刷子確實塗上融化奶油。
○將烤盤放入烤箱，預熱至220℃備用。

<table>
<tr><td>Note</td><td>○抹茶香氣加上白巧克力的奶香，與酸甜的酸櫻桃搭配，帶出彼此的風味。</td></tr>
</table>

作法

1 製作焦化奶油：發酵奶油切成適當大小，放入鍋內以小火加熱，以橡膠刮刀緩緩攪拌。待奶油融化，泡沫變小，沉澱物開始呈現茶色時關火，鍋底浸入大調理盆的水中降溫。以茶篩慢慢過濾20g的分量，靜置冷卻至約70℃。

2 在調理盆內放入細砂糖和鹽，將**A**料過篩加入，以打蛋器攪拌混合。

3 以手指在粉類中心挖出一個洞，緩緩將蛋白倒入，以打蛋器從調理盆中心開始攪拌約90次，慢慢攪拌至沒有粉感。

4 加入蜂蜜，整體混合。

5 焦化奶油分成3次加入，每次加入攪拌30至40次（第3次約攪拌60次），緩緩攪拌至整體充分混合。

6 以橡膠刮刀大致拌勻。

7 以橡膠刮刀將步驟**6**的麵糊刮入烤模約八分滿，輕輕敲打烤模讓麵糊平整，分別放上2塊酒漬酸櫻桃ⓒ。

8 在預熱好的烤箱烤盤上放上烤模，以200℃烘烤約12分鐘，烤至以手指按壓有彈性，背面也烤上色就OK了。輕輕敲打烤模，以牙籤叉起脫模，置於散熱架上放涼。

9 製作抹茶白巧克力鮮奶油：抹茶粉過篩放入調理盆，加入少許鮮奶油，以打蛋器攪拌均勻，加入調溫巧克力。

10 在鍋中放入剩餘的鮮奶油，以小火加熱，煮至快要沸騰時加入步驟**9**的材料，以打蛋器攪拌至稠狀後，靜置冷卻。

11 調理盆底浸入冰水，以電動攪拌器快速打發，打至稠狀後就改為慢速，打至乳霜狀，加入櫻桃白蘭地，再打發至稍微可立起尖角的狀態，完成抹茶白巧克力鮮奶油

12 以刷子在步驟**8**的費南雪表面薄薄地塗上櫻桃白蘭地。

13 在裝上聖多諾黑花嘴（V形花嘴）的擠花袋中，填入步**11**的抹茶白巧克力鮮奶油。將V形切口朝上，分別斜斜地擠上4朵奶油花ⓓ。以茶篩撒上適量糖粉和抹茶粉（分量外），放上杏仁片即完成。

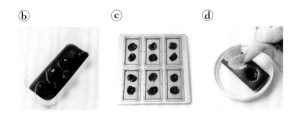

ⓑ　ⓒ　ⓓ

鹹味費南雪

一手拿著鹹味費南雪，
一邊品嚐紅酒，
享受愉快的餐前酒時光。
使用較多的蛋白搭配調味。

培根烤蔬菜費南雪
Financiers salés au bacon et aux légumes grilles

鮭魚費南雪
Financiers salés au saumon fumé

培根烤蔬菜費南雪

材料（6個分）

發酵奶油（無鹽）　45g
細砂糖　5g
鹽巴　¼小匙

A
　低筋麵粉　20g
　杏仁粉　30g
　泡打粉　¼小匙
蛋白　60g（M尺寸2個分）
蒜泥　少許
融化奶油　適量
馬茲瑞拉起司　½個
培根（厚切）　1片
彩椒（黃）　⅙個
綠蘆筍　2根
小番茄　6個
橄欖油　少許
辣椒粗末（或辣椒粉）　少許

準備工作

○將蛋白回至常溫（約25℃）。
○發酵奶油切成適當大小，放入調理盆內隔水加熱，以橡膠刮刀攪拌，加熱至約70℃。
○培根切成12等分，彩椒切成6等分，綠蘆筍切除較硬的根部後切成3等分，馬茲瑞拉起司切成6等分的薄片。
○將A料放入塑膠袋，充分搖晃混合。
○烤模以刷子確實塗上融化奶油。
○將烤盤放入烤箱，預熱至220℃備用。

作法

1　調理盆放入細砂糖和鹽巴，將A料過篩加入，以打蛋器攪拌混合。

2　以手指在粉類中心挖出一個洞，緩緩將蛋白倒入，以打蛋器從調理盆中心開始攪拌約90次，慢慢攪拌至沒有粉感。

3　將發酵奶油分成3次加入，每次加入攪拌30至40次（第3次約攪拌60次），緩緩攪拌至整體充分混合。

4　加入蒜泥，以橡膠刮刀大致拌勻。

5　以橡膠刮刀將步驟4的麵糊刮入烤模約八分滿，輕輕敲打烤模讓麵糊平整。

6　在預熱好的烤箱烤盤上放上烤模，以200℃烘烤約13分鐘，烤至以手指按壓有彈性就OK了。輕輕敲打烤模，以牙籤叉起脫模，置於散熱架上放涼。

7　在等待費南雪烘烤時炒熟配料：平底鍋放入橄欖油和培根，以中火炒至培根出油後，加入彩椒、蘆筍和小番茄，炒至焦黃。最後加入馬茲瑞拉起司，稍微加熱軟化。

8　在步驟6的費南雪還有餘溫時放上馬茲瑞拉起司，輕輕以叉子背面按壓，放上培根、彩椒、蘆筍、小番茄，撒上辣椒粗末即完成。

Note　○化開的馬茲瑞拉起司和蔬菜香味能提振食慾。
○也可以依照季節變換茄子和南瓜等配料。

鮭魚費南雪

材料（6個分）

發酵奶油（無鹽）　45g
細砂糖　5g
鹽巴　¼小匙

A
　低筋麵粉　20g
　杏仁粉　30g
　泡打粉　¼小匙
蛋白　60g（M尺寸2個分）
融化奶油　適量
燻鮭魚　6片
奶油起司（塊狀）　2個（約35g）
洋蔥　⅙個（35g）

B
　鹽巴‧胡椒　各少許
　檸檬汁　⅓小匙
　橄欖油　½小匙
酸豆碎末　少許
蒔蘿　適量
（如果有）粉紅胡椒　少許

準備工作

○同「培根烤蔬菜費南雪」，但奶油起司也要回至常溫，發酵奶油則不需要，配料也不需要事先處理。
○在大調理盆內放入水備用。

作法

1　洋蔥切薄片後過水，瀝乾後和B料一起放入調理盆混合醃漬。

2　製作焦化奶油：發酵奶油切成適當大小，放入鍋內以小火加熱，以橡膠刮刀緩緩攪拌。待奶油融化，泡沫變小，沉澱物開始呈現茶色時關火，鍋底浸入大調理盆的水中降溫。以茶篩慢慢過濾35g的分量，靜置冷卻至約70℃。

3　同「培根烤蔬菜費南雪」步驟1至6，但步驟3的融化奶油以步驟2的焦化奶油代替，步驟4不加入蒜泥。

4　以湯匙背面在步驟3的費南雪表面塗滿奶油起司，依序放上步驟1的洋蔥和燻鮭魚，再加上酸豆以及切成適當大小的蒔蘿，若有粉紅胡椒則在最後撒上即完成。

Note　○將燻鮭魚和奶油起司的絕佳組合，作成能以手指取用的尺寸享受。

孜然洋蔥費南雪
~ Financiers salés à l'oignon et au cumin

南瓜玉米費南雪
~ Financiers salés au potiron et maïs

孜然洋蔥費南雪

材料（6個分）

發酵奶油（無鹽） 45g
細砂糖 5g
鹽巴 ¼小匙

A
　低筋麵粉 20g
　杏仁粉 30g
　泡打粉 ¼小匙
蛋白 60g（M尺寸2個分）
乾炒洋蔥
　薄切洋蔥 70g
　孜然 ½小匙
　蒜泥 少許
　橄欖油 少許
　B
　　鹽巴 少許
　　細砂糖 少許
　　粗粒黑胡椒 少許
起司粉・孜然・粗粒黑胡椒 各少許
融化奶油 適量

準 備 工 作
○將蛋白回至常溫（約25℃）。
○在大調理盆內放入水備用。
○將**A**料放入塑膠袋，充分搖晃混合。
○烤模以刷子確實塗上融化奶油。
○將烤盤放入烤箱，預熱至220℃備用。

作 法

1　製作乾炒洋蔥：平底鍋放入橄欖油、孜然和蒜泥，以中火加熱，有香味後加入洋蔥炒至軟化。加入**B**料大致拌炒，裝入淺盤放涼。

2　製作焦化奶油：發酵奶油切成適當大小，放入鍋內以小火加熱，以橡膠刮刀緩緩攪拌。待奶油融化，泡沫變小，沉澱物開始呈現茶色時關火，鍋底浸入大調理盆的水中降溫。以茶篩慢慢過濾35g的分量，靜置至約70℃。

3　調理盆放入細砂糖和鹽巴，將**A**料過篩加入，以打蛋器攪拌混合。

4　以手指在粉類中心挖出一個洞，緩緩將蛋白倒入，以打蛋器從調理盆中心開始攪拌約90次，慢慢攪拌至沒粉感。

5　將焦化奶油分成3次加入，每次加入攪拌30至40次（第3次約攪拌60次），緩緩攪拌至整體充分混合。

6　以橡膠刮刀大致拌勻。

7　用橡膠刮刀將步驟**6**的麵糊刮入烤模約八分滿，輕輕敲打烤模讓麵糊平整，放上乾炒洋蔥，撒上起司粉、孜然、粗粒黑胡椒。

8　在預熱好的烤箱烤盤上放上烤模，以200℃烤烘約13分鐘，烤至以手指按壓有彈性就OK了。輕輕敲打烤模，以牙籤叉起脫模，置於散熱架上放涼即完成。

Note　○乾炒帶出洋蔥的甘甜與孜然的香氣，有著異國風味的費南雪，剛出爐時最為美味。

南瓜玉米費南雪

材料（6個分）

發酵奶油（無鹽） 45g
細砂糖 5g
鹽巴 ¼小匙

A
　低筋麵粉 20g
　杏仁粉 30g
　泡打粉 ¼小匙
蛋白 60g（M尺寸2個分）
乾炒南瓜
　南瓜 50g
　冷凍玉米（罐裝） 30g
　橄欖油 少許
　B
　　蜂蜜 ⅓小匙
　　鹽巴 少許
　　粗粒黑胡椒 少許
起司粉 少許
粗粒黑胡椒 少許
融化奶油 適量

準 備 工 作
○同「孜然洋蔥費南雪」。
○南瓜切成5mm厚。

作 法

1　製作乾炒南瓜：平底鍋放入橄欖油、南瓜和玉米炒熟，加入料**B**大致拌炒，裝入淺盤放涼。

2　同「孜然洋蔥費南雪」步驟**2**至**8**，但步驟**7**的乾炒洋蔥以乾炒南瓜取代，撒上起司粉和粗粒黑胡椒（不用加孜然）即完成。

Note　○鬆軟甘甜的南瓜與玉米的口感絕妙。
○以馬鈴薯代替南瓜也很美味。

燉蔬菜費南雪
Financiers salés au pesto

青醬費南雪
Financiers salés aux légumes sans pâte

青醬費南雪

材料（6個分）

發酵奶油（無鹽）　35g
細砂糖　5g
鹽巴　¼小匙
A
　低筋麵粉　20g
　杏仁粉　30g
　泡打粉　¼小匙
蛋白　60g（M尺寸2個分）
蒜泥　少許
B
　羅勒葉　8片
　橄欖油　1大匙
融化奶油　適量
生火腿　3片
小番茄　3個
羅勒葉　適量
起司粉　少許
辣椒粗末（或辣椒粉）　少許

> *Note*
> ○番茄和羅勒加上生火腿，充滿義大利風情的一款費南雪。
> ○以羅勒葉泥代替起司粉，有著更加豐富的風味。

準備工作

○將蛋白回至常溫（約25℃）。
○發酵奶油切成適當大小，放入調理盆內隔水加熱，以橡膠刮刀攪拌，加熱至約70℃。
○將**A**料放入塑膠袋，充分搖晃混合。
○**B**料中的羅勒葉切細末，和橄欖油混合。
○烤模以刷子確實塗上融化奶油。
○將烤盤放入烤箱，預熱至220℃備用。

作法

1　調理盆內放入細砂糖和鹽巴，將**A**料過篩加入，以打蛋器攪拌混合。

2　以手指在粉類中心挖出一個洞，緩緩將蛋白倒入，以打蛋器從調理盆中心開始攪拌約90次，慢慢攪拌至沒有粉感。

3　將發酵奶油分成3次加入，每次加入攪拌30至40次（第3次約攪拌60次），緩緩攪拌至整體充分混合。

4　加入蒜泥，以橡膠刮刀大致拌勻。

5　以橡膠刮刀將步驟4的麵糊刮入烤模約八分滿，輕輕敲打烤模讓麵糊平整，在表面放上**B**料ⓐ。

6　在預熱好的烤箱烤盤上放上烤模，以200℃烘烤約13分鐘，烤至以手指按壓有彈性就OK了。輕輕敲打烤模，以牙籤叉起脫模，置於散熱架上放涼。

7　在步驟6的費南雪上放上切切的生火腿、縱向對切的小番茄和羅勒葉，撒上起司粉和辣椒粗末即完成。

燉蔬菜費南雪

材料（6個分）

發酵奶油（無鹽）　35g
細砂糖　5g
鹽巴　¼小匙
A
　低筋麵粉　20g
　杏仁粉　30g
　泡打粉　¼小匙
蛋白　60g（M尺寸2個分）
燉蔬菜
　櫛瓜　7cm
　茄子　7cm
　番茄醬　1大匙
　細砂糖　½小匙
　百里香　2枝
　迷迭香　1枝
　蒜泥　少許
　橄欖油　1大匙
　鹽巴・粗粒黑胡椒　各少許
融化奶油　適量

準備工作

○同「青醬費南雪」，但是發酵奶油不須融化，沒有**B**料。
○在大調理盆內放入水備用。
○燉蔬菜中的櫛瓜和茄子切成5mm丁狀。

作法

1　製作燉蔬菜：在平底鍋中放入橄欖油、百里香、迷迭香和蒜泥，以小火加熱至有香味後轉中火，加入櫛瓜和茄子一起以油拌炒。加入番茄醬和細砂糖，燉煮至軟化，以鹽巴和黑胡椒調味，裝入淺盤放涼。

2　製作焦化奶油：發酵奶油切成適當大小，放入鍋內以小火加熱，以橡膠刮刀緩緩攪拌。待奶油融化，泡沫變小，沉澱物開始呈現茶色時關火，鍋底浸入大調理盆的水中降溫。以茶篩慢慢過濾35g的分量，放置冷卻70℃左右。

3　調理盆放入細砂糖和鹽巴，將**A**料過篩加入，以打蛋器攪拌混合。

4　同「青醬費南雪」步驟2至6，但是步驟3的發酵奶油以步驟2的焦化奶油取代，省略步驟4的蒜泥，步驟5則以步驟1的燉蔬菜代替**B**料。

5　在步驟4的費南雪上，各放上適量的百里香和迷迭香（分量外）即完成。

> *Note*
> ○以法國傳統料理燉蔬菜製作的費南雪，很推薦作為家庭派對的前菜。
> ○燉蔬菜以芹菜和彩椒製作也很美味。

烘焙 良品 88

甜鹹都滿足！

包餡瑪德蓮&百變費南雪
2款基本麵糊變出52道美味法式點心

……………………………………………………………

作　　　者／菖本幸子
譯　　　者／莊琇雲
發　行　人／詹慶和
總　編　輯／蔡麗玲
執　行　編　輯／陳昕儀
編　　　輯／蔡毓玲・劉蕙寧・黃璟安・陳姿伶・李宛真
執　行　美　編／周盈汝
美　術　編　輯／陳麗娜・韓欣恬
出　版　者／良品文化館
發　行　者／雅書堂文化事業有限公司
郵政劃撥帳號／18225950
戶　　　名／雅書堂文化事業有限公司
地　　　址／220 新北市板橋區板新路 206 號 3 樓
電　子　信　箱／elegant.books@msa.hinet.net
電　　　話／(02)8952-4078
傳　　　真／(02)8952-4084

……………………………………………………………

2019 年 5 月初版一刷　定價 350 元

CREAM IRI NO MADELEINE, CAKE MITAINA FINANCIER by
Sachiko Syomoto
Copyright©2017 SACHIKO SYOMOTO
All rights reserved.
Original Japanese edition published by SHUFU-TO-SEIKATSU
SHA LTD., Tokyo.
This Complex Chinese language edition is published by
arrangement with SHUFU-TO-SEIKATSU SHA LTD., Tokyo in
care of Tuttle-Mori Agency, Inc., Tokyo through Keio Cultural
Enterprise Co., Ltd., New Taipei City.

……………………………………………………………

經銷／易可數位行銷股份有限公司
地址／新北市新店區寶橋路 235 巷 6 弄 3 號 5 樓
電話／（02）8911-0825 傳真／（02）8911-0801

……………………………………………………………

版權所有・翻印必究
（未經同意，不得將本書之全部或部分內容使用刊載）
本書如有缺頁，請寄回本公司更換

staff
─────────────────────

烘焙助手／木下順子・二見妥子・高石紀子
攝影／三木麻奈
造型／曲田有子
插畫／佐伯ゆう子
設計／三上祥子（Vaa）
文字／首藤奈穂
校對／滄流社
編輯／小田真一

[食材協助]
クオカ
http://www.cuoca.com/

國家圖書館出版品預行編目(CIP)資料

甜鹹都滿足!包餡瑪德蓮&百變費南雪：2款基本
麵糊變出52道美味法式點心 / 菖本幸子著；莊
琇雲翻譯. -- 初版. -- 新北市：良品文化館出版：
雅書堂文化發行, 2019.05
　面；　公分. -- (烘焙良品；88)
ISBN 978-986-7627-07-0(平裝)

1.點心食譜

427.16　　　　　　　　　　　　　　108005621